SENKRECHTSTARTER

»Der Psychologe unter den Motivationstrainern« (*Süddeutsche Zeitung*) ist seit 1999 als selbstständiger Berater, Dozent und Kongressredner tätig. Zu Rolf Schmiels Kunden gehören internationale Konzerne und traditionsreiche Mittelständler wie Audi, BMW, Coca-Cola, DHL, Lufthansa, Siemens, Vodafone, Würth und Xerox. Sein besonderes Markenzeichen als Speaker ist sein begeisternder Vortragsmix aus Motivation, Spaß und Psychologie.
www.rolfschmiel.de

Rolf Schmiel

SENKRECHT-STARTER

**Wie aus Frust
und Niederlagen
die größten Erfolge
entstehen**

Campus Verlag
Frankfurt / New York

Unter Mitarbeit von Dr. Petra Begemann,
Bücher für Wirtschaft + Management

MIX
Papier aus verantwor-
tungsvollen Quellen
FSC® C089473

ISBN 978-3-593-50008-9

Copyright © 2014 Campus Verlag GmbH, Frankfurt am Main.
Umschlaggestaltung: Guido Klütsch, Köln
Satz: Campus Verlag GmbH, Frankfurt am Main
Gesetzt aus der Chaparral Pro und der Myriad Pro.
Druck und Bindung: Beltz Bad Langensalza
Printed in Germany.

Dieses Buch ist auch als E-Book erschienen.
www.campus.de

Für Leonard

Alles geben Götter, die unendlichen,
ihren Lieblingen ganz,
alle Freuden, die unendlichen,
alle Schmerzen, die unendlichen, ganz.
Johann Wolfgang von Goethe

Inhalt

Teil II
Die rosarote Scheinwelt der Motivationsgurus 93

Teil III
Die neue Psychologie der Motivation

Vorwort

Probleme sind Chancen in Verkleidung, davon bin ich felsenfest überzeugt. Wer mit Chancenblick durchs Leben geht, wird zum Glückskind. Wer dagegen darauf wartet, dass Fortuna das Glücksrad zu seinen Gunsten dreht, wird am Ende seiner Tage mit Wehmut und einem großen »Hätte ich doch ...« zurückschauen. Lieber gelegentlich mit Karacho scheitern und mit Verve die Welt zurückerobern, als im faden Mittelmaß stecken zu bleiben.

Dass ich heute in der ganzen Welt zu Hause bin, mit meinen Vorträgen die größten Säle fülle, Vorlesungen an renommierten Universitäten halten und Marktführer beraten darf, verdanke ich diesem Credo. Der Erfolg wurde mir nicht in die Wiege gelegt, denn diese Wiege stand nicht in einer Nobelvilla im Millionärsviertel, sondern in einer bayrischen Kleinstadt, wo meine Eltern einen Lebensmittelladen führten. Es war ein langer Weg von dort bis auf die Bühnen rund um den Globus. Doch ich bereue keine Sekunde, auch nicht die Hindernisse und Stolpersteine, die manchmal bedrohliche Ausmaße hatten. Sie haben mich nur angestachelt und wachsen lassen – wie gesagt, Probleme sind Chancen in Verkleidung.

Vor diesem Hintergrund war ich sofort elektrisiert, als mein Rednerfreund Rolf Schmiel mir von seinem Buchprojekt erzählte. Dieses Buch zeigt die ungeschminkte Wahrheit über Motivation. Es entzaubert die Tsjakka-Mythen der Trainerszene und gibt neue, psychologisch fundierte Impulse. Speziell das Kapitel über die dunklen Triebkräfte der Top-Performer war für mich ein echter Augenöffner.

Als Psychologe hat der Autor einen unbestechlichen Blick auf das Thema, als Redner weiß er, wie man Menschen unterhält, und als kreativer Kopf scheut er sich nicht, unbequeme Wahrheiten auszusprechen. Ich empfehle Ihnen dieses Buch als Inspiration, als Mutmacher und als packende Lektüre. Ergreifen Sie die Chance, zum Senkrechtstarter zu werden!

Ihr Hermann Scherer

Ein Geständnis:
Senkrechtstarter und Bruchpilot

Es ist gute Tradition, nur über etwas zu schreiben, von dem man wirklich etwas versteht. Und mit Senkrechtstarts und Niederlagen kenne ich mich aus. Ich hatte mein Psychologiediplom kaum in der Tasche, da ging es für mich steil aufwärts. Während meine früheren Kommilitonen sich durch Praktika hangelten oder für überschaubare Gehälter in Nine-to-five-Jobs schufteten, war ich als Trainer enorm erfolgreich. Bald fuhr ich einen nachtblauen Luxuswagen mit verchromter Raubkatze am Bug. Ich gönnte mir ein überdimensioniertes Büro, liebte meine Maßanzüge, logierte in Fünf-Sterne-Hotels. Statt Bier mit Fußballkumpel musste es jetzt Champagner mit Business-Partnern sein. Ich hatte die Tipps der klassischen Motivationsliteratur inhaliert und war begeistert, wie leicht das Leben sein konnte. Ich glaubte an mich, dachte positiv, steckte mir ambitionierte Ziele und war wie betrunken von meiner eigenen Großartigkeit. Kurz: Ich verliebte mich in meine eigene Imagebroschüre.

Dann traf ich einige Entscheidungen, die mein Unternehmen ins Wanken brachten. Ich verlor einen wichtigen Kunden. Ein sicher geglaubter Großauftrag ging an einen Mitbewerber. Und, typisch für Krisen, es kam noch mehr. Offenbar hatte ich dem falschen Steuerberater vertraut, und nun forderte das Finanzamt für die letzten Jahre eine sechsstellige Nachzahlung, zahlbar binnen vier Wochen. Mein Vater wurde todkrank. Weitere Katastrophen im privaten Umfeld trieben mich in die Enge. Innerhalb weniger Wochen drohte alles zu zerbrechen, was ich mir über Jahre aufgebaut hatte. Die Konten waren leer, ich stand kurz vor der Insolvenz. Und ich musste erschüttert feststellen: Die Ratschläge der Motivationsgurus halfen mir in dieser Situation herzlich wenig.

Statt aufzugeben, rappelte ich mich nach dem ersten Schock wieder auf und analysierte, was falsch gelaufen war. Schnell stellte ich fest, dass ich nicht der Einzige war, der eine solche Bruchlandung erleben musste – im Gegenteil: Viele Senkrechtstarter waren irgendwann durch eine harte Schule gegangen. Gerade für Menschen, die wir heute bewundern und manchmal um ihren nachhaltigen Erfolg beneiden, war der Weg zum Gipfel alles andere als ein Spaziergang. Von ihnen lernte ich die wahren Erfolgsgeheimnisse der Überflieger.

Auf den folgenden Seiten möchte ich weitergeben, was mir selbst geholfen hat. Heute bin ich glücklich und dankbar, schon eine ganze Weile wieder Erfolg zu haben. Wenn ich auf der Bühne stehe, mit dem Ziel, Menschen in den unterschiedlichsten Unternehmenssituationen neue Motivation zu geben, soll das den Zuhörern Spaß machen und sie gut unterhalten. Aber ich weigere mich, sie mit billigen Rezepten und emotionalen Trostpflastern einzulullen. Bei mir erfahren sie die ganze Wahrheit. Das gilt auch für dieses Buch.

Frust und Niederlagen gehören zum Leben dazu. Mein Vater, der 15 Jahre voller Zuversicht gegen den Krebs kämpfte und am Ende doch verlor, wusste das als Nachkriegskind schon früh. Ich brauchte mehr als drei Jahrzehnte, um es zu lernen. Doch nur wer bereit ist, die rosarote Brille abzusetzen und sich den Realitäten zu stellen, wird die Erfahrung machen, dass aus Bruchlandungen Neustarts werden können und aus Niederlagen große Erfolge. Anlässe zum Feiern und Genießen gibt es dann immer noch viele, denn auch das gehört zum Leben unbedingt dazu.

Ihr Rolf Schmiel
Essen, im August 2014

SENKRECHTSTARTER

Teil I
Die Wahrheit über Spitzenleistungen

»Die Basis allen Wollens aber
ist Bedürftigkeit, Mangel,
also Schmerz.«

Arthur Schopenhauer

Das Erfolgsrezept der Senkrechtstarter

» Ich habe 30 Jahre gebraucht, um über Nacht berühmt zu werden«, sagte Harry Belafonte einmal. Belafonte kam als Sohn eines Matrosen und einer Hilfsarbeiterin 1927 im Schwarzenghetto von Harlem zur Welt. Die schlechte Nachricht für alle Teilnehmer heutiger Castingshows und Superstarwettbewerbe: Vor seinem märchenhaften Aufstieg in den Fünfzigerjahren schlug sich Belafonte unter anderem als Fahrstuhlführer und Verkäufer durch – und er arbeitete hart für seinen Erfolg, etwa durch den Besuch einer ambitionierten Schauspielklasse, in der auch Marlon Brando oder Rod Steiger an ihrem Erfolg bastelten.[1] »Senkrechtstarter« sind häufig schon eine ganze Weile unterwegs und haben eine Menge getan, bevor sie scheinbar plötzlich die Aufmerksamkeit der Öffentlichkeit erregen. Die Wahrheit hinter märchenhaften Erfolgen ist häufig alles andere als märchenhaft. Doch wir alle lieben den Mythos vom hässlichen Entlein, das über Nacht zum schönen Schwan wird, oder vom gehemmten Handyverkäufer, der von jetzt auf gleich als Tenor groß herauskommt und Millionen zu Tränen rührt wie Paul Potts. Dass Potts ein Jahrzehnt in verschiedenen Chören sang, schon früh privat Gesangsunterricht nahm und vor seinem großen Erfolg einen ersten Talentpreis von 8 000 Pfund komplett in Gesangsunterricht an italienischen Opernschulen investierte, wird dabei gern übersehen. Zwischen Potts' erstem kleinen Erfolg in der Talentshow *My Kind of Music* und seinem Sensationsauftritt in *Britain's Got Talent* lagen immerhin acht Jahre![2] Wer sich unter den Supererfolgreichen genauer umsieht, erkennt also schnell: Das »Erfolgsrezept«

gibt es ebenso wenig wie das Rezept zum Goldmachen, nach dem Alchimisten in aller Welt jahrhundertelang suchten. Statt eines todsicheren Rezepts gibt es eine Reihe von Zutaten, die großen Erfolgen den Weg ebnen – oder auch nicht, wenn das nötige Quäntchen Glück fehlt. Schnallen Sie sich also an für den Senkrechtstart zum Erfolg: Sie müssen jetzt sehr tapfer sein!

Willenskraft – Einsatz, bis der Arzt kommt

Im Februar 2014 porträtierte das *manager magazin* Topmanager und andere Prominente »im Unruhestand«, zum Beispiel den früheren Fresenius Medical Care-CEO Ben Lipps, der trotz seiner 73 Jahre lieber ein Berliner Start-up mit 18 Mitarbeitern leitet, als in Florida die Sonne zu genießen, den Modeschöpfer Karl Lagerfeld, der auch mit 80 noch Chefdesigner bei Chanel ist, oder Ex-*Spiegel*-Chef Stefan Aust, der sich mit 67 auf das Himmelfahrtskommando einließ, *Die Welt* als Herausgeber aus der Krise zu führen. Man braucht also gar nicht über den großen Teich zu schauen, wo Warren Buffett auch mit 83 noch Tag für Tag ins Büro geht. Während in Deutschland gerade mal wieder über die Rente mit 63 diskutiert wird, ist für manche Menschen der Ruhestand offenbar ein Schreckgespenst: »Im Ferienhäuschen aufs Meer blicken, das würde ich keine zwei Tage aushalten«, sagt Linde-noch-CEO Wolfgang Reitzle.[3]

Hinter vielen außergewöhnlichen Erfolgen steckt schlicht – Arbeit, Arbeit, Arbeit. »Erfolg hat nur der, der etwas tut, während er auf den Erfolg wartet«, beschied Thomas Alva Edison seinen Bewunderern. Ausgesprochen erfolgreiche Menschen gehen nicht selten in ihrer Tätigkeit auf und können daher mit 63, 67 oder 70 den Schalter nicht einfach umlegen. »Ich fange immer noch fast jeden Tag um vier Uhr früh an zu arbeiten«, sagt Ben Lipps. Sie können natürlich im Lotto gewinnen, erben oder reich heiraten.

Doch darüber hinaus gilt: Die Hoffnung auf den bequemen Aufstieg ist Augenwischerei. Vor einiger Zeit hatte ich einen jungen Existenzgründer im Coaching, der mit dem Anliegen kam: »Wie kann ich mehr Erfolg haben?« Auf die Frage, wie sein Tagesablauf aussähe, beschrieb er mir ein eher gemütliches Leben: Frühstück mit der Familie, gegen halb zehn im Büro und nach dem Rechten schauen, ein paar Dinge regeln, spätestens um 17, 18 Uhr wieder nach Hause, Zeit für Hobbys und Familie. Er hatte ein glückliches Händchen bei der Wahl seiner Mitarbeiter bewiesen, die früher kamen und häufig nach ihm das Büro verließen. Und wo sein Problem sei, wollte ich wissen. »Es läuft eigentlich ganz gut, aber ich hatte mir vorgestellt, dass der Laden abgeht wie eine Rakete.« Nur braucht eine Rakete mächtig viel Treibstoff, um im Bild zu bleiben.

Work-Life-Balance ist der garantierte Weg in die Mittelmäßigkeit. Oder kennen Sie jemanden, der seine Hobbys pflegt, genug Zeit für die Familie hat, Sport treibt und auf seine Gesundheit achtet, sich ehrenamtlich engagiert, seine Spiritualität lebt – *und* beruflich supererfolgreich ist? Ich nicht. Senkrechtstarter setzen zumindest phasenweise alles auf eine Karte, gleichgültig, ob sie im Showbusiness, im Leistungssport oder in der Wirtschaft unterwegs sind. Das bedeutet weder, dass am Lebensmodell des gemütlichen Existenzgründers irgendetwas falsch ist, noch, dass das Lebensmodell von Ben Lipps für jeden das richtige ist. Es bedeutet nur, dass man im Leben nicht alles (zumindest nicht auf einmal) haben kann. Das ist weder neu noch spektakulär, das wusste wahrscheinlich schon Ihre Großmutter. Umso erstaunlicher ist es, dass durchschnittlich intelligente und gut ausgebildete Mitteleuropäer immer noch Motivationsgurus auf den Leim gehen, die ihnen vorgaukeln, mit der richtigen »Programmierung ihres Unterbewusstseins« werde sich ihr Erfolg quasi im Schlaf einstellen (vgl. Teil II). Dazu die Gründerin eines Kosmetikimperiums Estée Lauder, die ihre ersten Cremes in der elterlichen Küche zusammenrührte: »Ich habe niemals an Erfolg geglaubt – ich habe dafür gearbeitet.« Und zwar viele Jahrzehnte und mit einem genialem Gespür für Marketing.[4]

»Ich kann mich noch quälen« ist ein Interview überschrieben, das Tennisprofi Tommy Haas, 35, dem *Spiegel* im Januar 2014 gab. Haas war zu dem Zeitpunkt 12. der Weltrangliste und trat gegen Spieler an, die wenig mehr als halb so alt waren. Auf die Frage, warum er sich das noch antue, antwortete der Gewinner von 15 ATP-Titeln, einer olympischen Silbermedaille und zweifache World-Team-Cup-Sieger: »Wenn die Schmerzen irgendwann unerträglich werden, wenn du merkst, dass sich jeder zweite Tag anfühlt wie die Hölle, dann solltest du aufhören. (…) Gerade geht es. Im vergangenen Jahr gab es immer mal wieder eine ganze Woche, in der ich kaum Schmerzen hatte.« Während der Normalo über eine Woche mit Schmerzen jammert, freut sich der Top-Performer also über eine gelegentliche Woche ohne. Der Tagesablauf von Haas: »An einem normalen Trainingstag stehe ich vier Stunden auf dem Platz. Um fünf Uhr abends bin ich fertig, dann kommen Physiotherapie, Massagen und Reha. Oft muss ich nach dem Abendessen noch zwei Stunden dranhängen, da bin ich dann selten vor elf Uhr im Bett.«[5] Anderen Spitzensportlern geht es nicht anders. Während ich diese Zeilen schreibe, kann man lesen, dass der russische Megastar des Eiskunstlaufs, auf dem bei den Winterspielen 2014 alle nationalen Hoffnungen ruhten, bereits zwölf Operationen hinter sich hat und einen Rücken, der von einem Kunststoffimplantat zusammengehalten wird. »Sport ohne Schmerzen, das geht nicht«, sagt Jewgenij Pljuschtschenko.[6] Ich fürchte, das gilt nicht nur für Erfolge im Leistungssport, sondern auch für Höchstleistungen anderswo.

In Zeiten der Burn-out-Debatte und angesichts ständiger Hinweise auf die Zunahme stressbedingter psychischer Erkrankungen ist die Forderung nach überdurchschnittlichem Engagement fast eine Provokation. Tatsächlich ist der Grad zwischen erfüllendem Ausleben von Ambitionen und ungesundem Workaholismus schmal. Ob »Arbeit, Arbeit, Arbeit« einen Menschen glücklich oder unglücklich macht, hängt vom persönlichen Wertekostüm ebenso ab wie vom Grad der Selbstbestimmung. Ehrgeizige Menschen mit hohem Leistungs- und Machtmotiv und ausgeprägter Handlungsorientierung haben weniger Probleme damit, anderes zugunsten der Arbeit zurückzustellen, als etwa Menschen mit einem hohen Bedürfnis nach Ruhe und harmonischen Sozialkontakten. So zeichnen sich beispielsweise erfolgreiche Existenzgründer durch die erstgenannten Eigenschaften aus, wie der Osnabrücker Psychologe Elmar Koetz in einer Langzeitstudie nachwies.[7] Und Menschen, die sich als unabhängig erleben, verkraften ein hohes Arbeitspensum besser als Menschen, die sich Zwängen ausgesetzt sehen. Dies führt paradoxerweise dazu, dass Selbstständige auch dann zufriedener mit ihrer Arbeit sind, wenn sie mehr arbeiten und weniger verdienen als Angestellte – zumindest dann, wenn sie die Selbstständigkeit freiwillig gewählt haben und nicht als Notausgang aus der Arbeitslosigkeit. Belegt wird dies unter anderem durch eine Studie der Hamburger Psychologinnen Katrin Cholotta und Sonja Drobnic, die 750 Gründer(innen) befragten.[8] »Wer selbstbestimmt lebt und arbeitet, bleibt gesund«, unterstreicht auch Lothar Seiwert, bekannt geworden als Experte für Zeitmanagement und inzwischen zum Rufer für bewusste Lebensführung geläutert.[9]

Wer Leistung und Lebensglück verbinden will, muss sich nicht selbstständig machen – Krux ist vielmehr, »sein Ding« zu finden, eine Tätigkeit also, die mit eigenen Talenten und Interessen harmoniert. Denken Sie nur an den Kranführer (59), der einer *Stern*-Reporterin sagt: »Ich bin eins mit meinem Job. Ich weiß nicht, ob ich mit 65 in Rente gehe. ... Aus Spaß habe ich zu meinen Kollegen schon mal gesagt: ›Ich möchte mal auf meinem Kran sterben.‹«[10] Wer sein Gehalt hingegen als Schmerzensgeld empfindet, wird sich eher schwertun mit einem wirklich großen Wurf im Beruf. Hat man seine Berufung gefunden, löst sich auch das Problem der Selbstmotivation. Der Kranführer hat wahrscheinlich ebenso wenig Probleme, morgens aus dem Bett zu kommen, wie Ben Lipps mit seinem Medizin-Start-up oder der umtriebige Richard Branson, der ein verrücktes Projekt nach dem anderen anzettelt und zurzeit an einem Shuttleservice ins All bastelt (mit 63). Keiner von ihnen muss seine Willenskraft mühsam wie einen Muskel trainieren, wie neuere Publikationen empfehlen.[11]

Nicht jeder, der sehr viel arbeitet, ist also zwangsläufig ein Workaholic. Zum Thema »Arbeitssucht« sind in den letzten Jahren zahlreiche Publikationen erschienen. Kleinster gemeinsamer Nenner: Gefährlich wird Arbeit dann, wenn der Betroffene sich in einen Teufelskreis von zwanghaftem Schuften befindet, wenn Arbeit körperlich krank macht, wenn Arbeit keine Befriedigung mehr bringt, sondern oft sogar von Erfolglosigkeit begleitet wird, was der echte Workaholic zu bekämpfen sucht, indem er die Dosis erhöht und *noch* mehr arbeitet.

Krankhaft Arbeitssüchtige auf den ersten Blick von bloßen »Vielarbeitern« zu unterscheiden ist nicht einfach. Die US-Wirtschaftsprofessoren Stewart D. Friedman und Sharon Lobel postulieren den Typus des »happy workaholic«, der Erfüllung in der Arbeit findet, ohne sein eigenes Lebensmodell zu verabsolutieren und sein Umfeld mit seinen überzogenen Arbeitsansprüchen zu terrorisieren. Sie verweisen auf das eigene Wertekostüm als entscheidenden Handlungsauslöser und Motivator.[12] Krankhafte Arbeitssucht dagegen erwächst häufig aus einem Erziehungsstil, der Liebe an Leistung koppelt, oder umgekehrt aus mangelnder Anerkennung für erbrachte Leistungen.[13] Spätestens wenn jemand tatsächlich arbeitet, bis immer häufiger der Arzt kommen muss, besteht also Suchtgefahr. Ebenso, wenn das Arbeitspensum nur noch mit begleitenden anderen Drogen zu schaffen ist, beispielsweise mit »Cola, Koks und Ritalin«, wie die *Frankfurter Allgemeine Sonntagszeitung* einen Artikel zum Thema Doping im Büro überschrieb.[14]

Fazit: Wer außergewöhnlich erfolgreich ist, hat meistens außergewöhnlich viel dafür getan. Dabei ist es wichtiger, über eine lange Strecke in Fahrt zu bleiben, als zum Start Vollgas zu geben. Neben der Willenskraft, hart zu arbeiten, braucht es außerdem die Willensstärke, sich nach Misserfolgen wieder hochzurappeln und weiterzumachen, darin sind sich Erfolgsmenschen aus ganz unterschiedlichen Bereichen einig.

Bekenntnisse einiger Aufsteiger[15]

»Mein Ticket aus den Berliner Hinterhöfen war Bildung, Wissen, Glück und jede Menge harte Arbeit.«

Cherno Jobatey, Journalist

»Ich gehe für meine Ideen durch die Hölle.«

Ibrahim Evsan, Unternehmer und Gründer von sevenload

»Man muss wie eine Bulldogge sein.«

Erman Tanyildiz, Gründer der OTA Hochschule

»Ich gebe nie auf.«

Prof. Dr. Ulrike Detmers, Wirtschaftswissenschaftlerin und Managerin

»Nur das gut Gemachte zählt, nicht das gut Gemeinte.«

Bodo Hombach, Landes- und Bundesminister, langjähriger Geschäftsführer der WAZ-Mediengruppe

»An Problemen wachse ich.«

Dr. Carl-Heiner Schmid, Vorarbeiter, leitender Mitarbeiter, Geschäftsführer und schließlich Alleingesellschafter der Firmengruppe Heinrich Schmid

»Ich muss immer etwas bewegen.«

Joachim Hunold, Gründer von Air Berlin

»Man muss dranbleiben.«

Ingrid Hofmann, Gründerin eines Zeitarbeitsunternehmens

Willensstarke Menschen sind hartnäckig. Sie geben nicht gleich auf, wenn sie im ersten Anlauf erfolglos sind. Der amerikanische Motivationstrainer Jim Rohn hat diese Fähigkeit einmal »Ameisen-Philosophie« genannt. Legt man einer Ameise ein Hindernis in den Weg, lässt sie nicht einen Moment betrübt die Fühler hängen, sondern sucht sofort nach einem Weg, die Barriere zu überwinden: vielleicht rechts oder links vorbei, drüber oder drunter her? Eine Ameise gibt niemals auf. Sie grübelt ganz offensichtlich nicht darüber nach, warum das ausgerechnet ihr passieren musste. Und beim nächsten Hindernis verfährt sie genauso.[16] Im Abschnitt 4 (»Risiko – Der Spieler im Sieger«) werden Sie sehen, wie viele Anläufe vermeintliche Senkrechtstarter oft nehmen mussten, bis sie erfolgreich waren.

Schnell-Check Willenskraft

- Haben Sie »Ihr Ding« schon gefunden? Dann fällt es Ihnen leichter, durchzuhalten.

- Sind Sie bereit, früher aufzustehen und länger zu arbeiten als andere? Damit wachsen Ihre Erfolgschancen.

- Wie viele Rückschläge sind Sie bereit, in Kauf zu nehmen? Nur selten glückt ein wichtiges Projekt im ersten Anlauf.

Durchhalten, viel arbeiten, diszipliniert sein – mir ist bewusst, dass dies ein sehr desillusionierender Rat ist. Doch das Sand-in-die-Augen-Streuen überlasse ich lieber anderen. Dass Lebenserfolg viel mit Selbstdisziplin zu tun hat, wissen Psychologen längst, auch dank des berühmten »Marshmallow«-Tests: Vorschulkinder, die es schafften, einen verlockenen Marshmallow 15 Minuten lang *nicht* zu essen, wenn man ihnen fürs Warten einen zweiten versprach, erwiesen sich in einer Langzeitstudie der Stanford University auch später als erfolgreicher. Auf YouTube können Sie den Kleinen dabei zusehen, wie sie verzweifelt versuchen, sich mit Wippeln und Kippeln von der Süßigkeit direkt vor ihrer Nase abzulenken.[17] Auch der Psychologe Roy F. Baumeister verweist 2012 in seinem Buch *Die Macht der Disziplin* auf zahlreiche Studien, die belegen, dass Selbstbeherrschung entscheidender für den Lebenserfolg ist als Selbstbewusstsein oder Intelligenz.

Fokus – Alles auf eine Karte

Otto von Bismarck sagte einmal über das Geheimnis seiner Erfolge: »Ich jage nie zwei Hasen auf einmal.« Wer Großes erreichen will, muss sich fokussieren. Wir alle haben nur begrenzt Talent und Zeit zur Verfügung, und Allround-Dilettanten sind weitaus häufiger als Universalgenies. Mit »Fokus« meine ich ein Höchstmaß an Konzentration auf eine Sache und damit das Gegenteil von Verzettelung. Fokussierung kann zu grotesker Einseitigkeit führen, wie etwa im Klischee des zerstreuten Professors, der sein Fachgebiet genial beherrscht, aber an Alltagskleinigkeiten scheitert. Über Martin Winterkorn, den technikbesessenen VW-Chef, wird beispielsweise berichtet, er habe eine Veranstaltung im New Yorker Museum of Modern Art, wo er vor Megastars wie Madonna, Yoko Ono, Lou Reed oder Patti Smith auftrat, früh verlassen: »Er müsse jetzt noch den neuen Passat in Manhattan testfahren«, soll er gesagt haben.[18] Mal ehrlich: Würden Sie lieber Passat fahren, als mit Madonna zu plaudern? Das erinnert ein wenig an den exzentrischen Mathematiker Grigori Perelman, der mit der Poincaré-Vermutung[19] eines der sieben »Millennium-Probleme« der Mathematik löste. Das dafür ausgelobte Preisgeld von einer Million Dollar 2010 schlug er aus, weil er nicht zur Preisverleihung in die USA reisen wollte. Stattdessen verschanzte er sich weiterhin in der St. Petersburger Wohnung seiner Mutter. Perelman will nur Mathe, Winterkorn nur perfekte Autos. Für anderen Schnickschnack bleibt da keine Zeit. Im Alltag begegnen mir dagegen häufig Menschen, die mal dies, mal jenes probieren, immer kurzatmig auf der Suche nach dem großen Wurf und ohne die Bereitschaft, länger durchzuhalten und so einen Kompetenzvorsprung aufzubauen. Dazu zählen beispielsweise Vertriebler, die alle zwei Jahre die Stelle wechseln, und immer liegt es »am Produkt«, wenn der Bombenerfolg bis dahin ausgeblieben ist. Der erfolgreichste Autoverkäufer aller Zeiten, Joe Girard, ist in 15 Jahren auch nicht auf die Idee gekommen, zwischendurch auf Hochseejachten umzusatteln.

Zu schnelle Wechsel verhindern Tiefe und echte Meisterschaft. Ausnahmeerfolge setzen Konzentration und oft auch langjährige Erfahrung voraus. Der Wissenschaftsjournalist und Bestsellerautor Malcolm Gladwell rückte diesen Aspekt in seinem Buch *Überflieger* ins Bewusstsein, in dem er der »10 000-Stunden-Regel« ein ganzes Kapitel widmete. In Kürze besagt diese Regel: Wer etwa 10 000 Stunden etwas intensiv betreibt, hat sehr gute Chancen, darin zum »Ausnahmetalent« zu werden, und zwar gleichgültig, ob es sich dabei um ein Musikinstrument, eine Sportart oder das virtuose Knacken von Safes handelt. Erste Belege für diese Regel sammelten die Psychologen K. Anders Ericsson, Ralf Krampe und Clemens Tesch-Römer vor über 20 Jahren an der Berliner Hochschule der Künste. Sie befragten Geigestudenten, wie viel sie im Laufe ihres Lebens geübt hatten. Alle hatten mit etwa fünf Jahren zu spielen begonnen. Doch die »künftigen Musiklehrer« brachten es bis zum Alter von 20 Jahren auf etwa 4 000 Übungsstunden, die »guten« Studierenden auf etwa 8 000 Stunden, die Virtuosen auf stolze 10 000. Auch für Komponisten, Schachspieler oder Basketballstars ließ sich diese Zahl nachvollziehen: Nach ungefähr 10 000 Stunden hat man es drauf. Und jetzt raten Sie mal, wie viele Stunden die Beatles in Hamburger Clubs auf der Bühne standen, bevor sie 1964 ihren großen Durchbruch hatten. Gladwell kommt auf 1 200 Auftritte, bei denen die späteren Weltstars als Nachtclub-Band jeweils acht Stunden für Stimmung sorgten.[20] All das deutet darauf hin, dass Talent zwar nicht völlig unwichtig ist, aber gnadenlos überschätzt wird – und manchmal auch als lahme Ausrede jener herhalten muss, die sich nicht wirklich mit Haut und Haaren einer Sache verschreiben wollen. »Naturtalente«, die mühelos und ohne viel zu üben an die Weltspitze vorstießen, fanden Ericsson und seine Kollegen in verschiedenen Untersuchungen übrigens nicht.[21]

Der Picasso, der viel zu teuer war

Pablo Picasso wurde in einem Restaurant von einer unbekannten Dame um eine Probe seines Könnens gebeten. In nur 30 Sekunden warf er eine beeindruckend vollendete Zeichnung auf ein Blatt Papier (in manchen Versionen der Geschichte ist auch von einer Serviette die Rede). Auf die Frage, wie viel er dafür haben wolle, antwortete Picasso: »10 000 Dollar.« Die Dame hakte empört nach: »10 000 Dollar für 30 Sekunden Arbeit?!« Darauf Picasso lapidar: »Ja, aber ich habe dafür auch 30 Jahre Erfahrung gebraucht.«

Picassos Vater war übrigens Kunstlehrer, und der kleine Pablo soll schon als Kind »unentwegt« gezeichnet haben.[22] Seit seinem siebten Lebensjahr wurde er von seinem Vater unterrichtet. Sein erstes Ölgemälde malte er mit neun: Es heißt »Picador«, und Sie können es sich im Internet anschauen.[23] Wenn Sie jetzt überlegen, was Sie mit neun Jahren getrieben haben, wissen Sie, warum aus Ihnen oder mir kein neuer Picasso wurde. Picasso fokussierte sich sein Leben lang gnadenlos auf eine Sache – so sehr, dass er seinen eigenen Sohn und seine Enkel meist vom Diener an der Haustür abweisen ließ und lieber malte.[24] Viele hoch motivierte Menschen haben tatsächlich ihre dunklen Seiten – mehr dazu im zweiten Teil dieses Buches.

Wenn Ihnen das jetzt zu viel Kunst und zu wenig Wirtschaft war: Erfolgreiche Unternehmensgründer sind oftmals ebenso besessen vom Geschäft, wie es Picasso von der Malerei war. Als Aldi-Mitgründer Theo Albrecht 1971 entführt wurde, ließen sich die Kidnapper vorsichtshalber seinen Ausweis zeigen. Sie konnten nicht glauben, dass der bescheiden gekleidete Herr, dem sie vor der Firmenzentrale aufgelauert hatten, tatsächlich der gesuchte Multi-Millionär war. Theo und sein älterer Bruder Karl Albrecht waren zeitlebens für ihre Sparsamkeit berüchtigt; ähnlich wie Ingvar Kamprad, der mit IKEA steinreich wurde. Der kauft angeblich die Teelichter im billigen IKEA-Plastiksack und nutzt den Seniorenrabatt im Bus, statt sich ein Taxi zu gönnen.[25] Die Energie dieser super erfolgreichen Kaufleute floss in ihr Geschäft; von Ablenkungen durch Yachten, Luxusimmobilien rund um die Welt oder Brillantcolliers für diverse langbeinige Gefährtinnen ist nichts bekannt.

Schnell-Check **Fokus**

- Welches Projekt ist Ihnen so wichtig, dass Sie bereit sind, zumindest zeitweise alles dafür zu geben?

- Auf wie vielen Hochzeiten tanzen Sie zurzeit? Warum?

- Worauf könnten Sie zukünftig verzichten, um mehr Energie in das Vorhaben zu investieren, das Ihnen am allerwichtigsten ist?

Die Expansion ihrer Unternehmungen geht auf das Konto hoher Investitionsfreude bei geringer Konsumfreude. Bei vielen Möchtegern-Superheros von heute ist es leider genau umgekehrt.

Opfer – An der Spitze ist es einsam

Aus den beiden bisherigen Zutaten für den Senkrechtstart – Willensstärke und Fokussierung – ergibt sich die dritte schon fast zwangsläufig: Wer nach oben will, muss Opfer bringen. »Luxus« sind für Erfolgsmenschen oft ganz einfache Dinge: Zeit für die Familie, ein Abend mit Freunden, ein Tag offline. Wer Leistungssport betreibt, zahlt mit Schmerzen und langfristig oft mit seiner Gesundheit dafür. Wer international Karriere macht, wird seine Kinder nicht oft sehen und beim Aufwachen manchmal nicht wissen, auf welchem Kontinent er/sie sich gerade befindet. Wer sich seiner Kunst verschrieben hat, balanciert oft jahrelang am Rand des finanziellen Absturzes. Fraglich ist, ob hoch motivierte Erfolgsmenschen das tatsächlich als Opfer sehen: »Ich mag den Schmerz, der mich zum Sieger macht«, soll Arnold Schwarzenegger gesagt haben. VW-Chef Martin Winterkorn liest im ohnehin knapp bemessenen Urlaub am liebsten Fachbücher, etwa über Lkw-Technik oder Batteriechemie, hat der *Spiegel* erfahren. Und während das Morgenradio üblicherweise schon donnerstags fröhlich das nahe Wochenende für Otto und Emma Normalverbraucher einläutet, lebt Topmanagerin Marion Helmes, Finanzchefin des Arzneimittelgrossisten Celesio, die Sechstagewoche der Nachkriegszeit und kennt die gängige Brückentagsurlaubsoptimierung wenn überhaupt nur vom Hörensagen. Beiersdorf-CEO Stefan Heidenreich hingegen ist täglich um sechs im Büro, ab sieben hält er Besprechungen ab.[26] Wer weiter kommen will als andere, muss offenbar auch früher aufstehen. Managementexperte Reinhard K. Sprenger hat schon vor Jahren moniert, dass viele Menschen große Ambiti-

Schnell-Check Opfer

- Auf was haben Sie bisher verzichtet, um Ihrem Ziel näher zu kommen?

- An welcher Stelle bringen Sie deutlich mehr Einsatz als Menschen in vergleichbarer Situation?

- Hat Sie schon mal jemand als »übermotiviert« bezeichnet und Ihnen vorgeworfen, Sie vernachlässigten anderes?

onen haben, aber nicht bereit sind, den Preis dafür zu bezahlen. Ich fürchte, Sprenger hat recht.[27] Wenn die Lust auf Verzicht fehlt, war die Motivation offenbar nicht groß genug.

Geradezu sprichwörtlich ist die größere Einsamkeit, die ein Leben an der Spitze mit sich bringt. Spitzenpolitiker reden ebenso notorisch wie verräterisch von »den Menschen draußen im Lande«. »Man wird einsam da oben«, bekennt auch Daimler-Chef Dieter Zetsche gegenüber dem Magazin der *Süddeutschen Zeitung*, eine Erfahrung, die er mit Popstar Lady Gaga oder Schauspielerin Emma Watson teilt.[28] Sehr fraglich allerdings, ob einer der drei auf seinen Erfolg verzichten würde zugunsten normaler Sozialkontakte. Dafür arbeiten sie schon viel zu lange und viel zu ausdauernd an ihrer Karriere.

Der goldene Käfig

Mit einem »Vogel im Aquarium« verglich Exvorstand Daniel Goeudevert die Situation eines Topmanagers, und so heißt auch das Buch, das er nach seinem Ausscheiden aus dem Vorstand des VW-Konzerns schrieb. Dort heißt es: »Steigt man in der Hierarchie eines Unternehmens bis zum Vorsitzenden, dann befindet man sich meist auch auf der letzten Etage des Firmengebäudes. Und je weiter man aufsteigt, desto mehr verwandeln sich die Fenster in Spiegel. Auf der letzten Stufe der Hierarchie schließlich ist man nicht nur allein, sondern man hat auch keine Fenster mehr. Der Blick auf die Außenwelt ist verwehrt. Man sieht nur noch sich selbst. Auch die Mitarbeiter, mit denen man verkehrt, stellen ständig einen Spiegel auf: Gucken Sie mal, Chef, Sie sind der Beste. Selbst wenn man versucht, sie zu Widerspruch oder Dialog zu animieren, bekommt man selten eine Resonanz, die zu weiterem Nachdenken stimuliert.« Auf dem Gipfel seiner erstaunlichen Karriere vom Autoverkäufer zum Konzernvorstand nahm Goeudevert die Schattenseiten eines Lebens an der Spitze jedoch kaum wahr: »Ich vermochte das höfische Zeremoniell nicht zu durchschauen, das auf der Vorstandsetage herrscht. Ich erkannte nicht, dass man dem Chef aus Prinzip nicht widerspricht und um ihn herum ein goldenes Gefängnis baut, das ihm unversehens zum Verhängnis werden kann. Der Mächtige weiß oft genug nichts von der schweren Goldkrone, die er trägt, und die Beziehung zu seinen Lakaien scheint ungetrübt – solange er auf dem Thron sitzt.«[29] Wer in einer Aufgabe aufgeht, verliert womöglich den Blick dafür, was er dafür opfert, und muss ab und zu von seiner Umgebung daran erinnert werden.

Risiko – Der Spieler im Sieger

»Nur wer mitspielt, kann gewinnen«, das gilt nicht nur beim Lotto, sondern auch im Spiel des Lebens um Macht und Einfluss. Wer nicht bereit ist, Risiken einzugehen, wird mit großer Wahrscheinlichkeit im Mittelmaß stecken bleiben. Darin ist an sich nichts Verwerfliches. Trotzdem sei der Hinweis gestattet, dass ein rundherum abgesichertes Vollkaskoleben wenig Chancen auf einen fulminanten Senkrechtstart bietet. Ein schönes Beispiel für Risikofreudigkeit ist Titus Dittmann. Nie gehört? Dann haben Sie noch nie auf einem Skateboard gestanden. Dittmann gilt als Vater der Skateboard-Szene in Deutschland. Diesen Ehrentitel erwarb er durch zahlreiche Aktivitäten und etliche Unternehmensgründungen: einen der ersten Skateshops Europas, den ersten deutschen Outdoor-Skatepark, das erste Skateboardteam in Europa (»Titus Show Team«), eines der weltweit wichtigsten Skateboard-Turniere (die »Münster Monster Mastership«), ein Veranstaltungszentrum (»Skaters Palace«), die Titus AG mit bundesweit 30 Läden, die Titus Mailorder GmbH, ein Jugend-Lifestyle-Kaufhaus, um nur einige Beispiele zu nennen. Der umtriebige Unternehmer erhielt Orden und Preise und lieferte Stoff für einen Kinofilm mit dem schönen Titel »Brett vorm Kopp«. Das Interessante: Dittmann startete in einem Beruf, der nicht unbedingt für seine Risikofreudigkeit bekannt ist: als Lehrer. Er unterrichtete vier Jahre lang als Studienrat, bevor er Beamtendasein und sichere Pension sausen ließ. [30]

Ist Dittmann ein Zocker, der alles auf die Skateboard-Karte setzte? Nein. Bei genauerem Hinsehen ging Dittmann Risiken sehr kontrolliert ein. Er handelte bereits sechs Jahre mit Boards[31] und hatte schon diverse Aktivitäten gestartet, bevor er den Beamtenjob hinwarf. Er kannte sich in der Szene bestens aus. Er setzte auf kontinuierliches Wachstum. Doch ein Risiko blieb die Unternehmung. Als der Skateboard-Boom Ender der Achtzigerjahre abebbte, geriet das Unternehmen in eine erste Krise. 2002 bis 2007 folgten weitere schwere Jahre, Dittmann schlitterte knapp an einer Insolvenz vorbei und löste seine Lebensversicherungen auf, um das Unternehmen zu retten.[32] Die Kehrseite eines Senkrechtstarts ist die mögliche Bruchlandung, das eine ist ohne das andere kaum zu denken.

Die Niederlagen der Gewinner – schöner scheitern!

Die Liste prominenter Senkrechtstarter, die empfindliche Niederlagen erleiden mussten, ist lang. Steve Jobs geht eigentlich immer als Beispiel, so auch hier: 1985 wurde er aus seiner eigenen Firma geworfen, erst Jahre später kehrte er zu Apple zurück. Vladimir Nabokov bekam von einem puritanischen Verleger den Rat, sein Manuskript zu *Lolita* unter einem dicken Stein zu vergraben, und zwar möglichst »für tausend Jahre«.[33] Heute zählt der Roman zur Weltliteratur. Henry Fords erstes Unternehmen, die »Detroit Automobile Company«, war nach wenigen Jahren pleite. Buchstäblich an Niederlagen gewöhnt war Winston Churchill. Er fiel 1892 zwei Mal durch die militärische Aufnahmeprüfung, war 1899 beim ersten Versuch, ins Unterhaus einzuziehen, erfolglos, musste 1915 als Marineminister zurücktreten, verlor 1922 aufgrund der Wahlniederlage seiner Partei wieder sein Ministeramt, was ihm 1929 erneut passierte. Weitere Niederlagen warteten auf ihn, aber auch der Posten des britischen Premierministers und ein Nobelpreis (für Literatur). Walt Disneys erste Filmfirma floppte, für weitere Projekte fehlte ihm das Geld. Für seine anschließende Idee eines »Trickfilms mit sprechenden Tieren« hätte er um ein Haar keinen Geldgeber gefunden.[34] Und Fred Astaire bewahrte auf dem Kaminsims die Notiz eines Aufnahmeleiters von Metro Goldwyn Meyer auf. Der hatte über den legendären Tänzer 1933 notiert: »Kann nicht spielen! Etwas kahlköpfig! Kann ein bisschen tanzen!«[35]

»Resilienz« nennen Psychologen die Fähigkeit, nach Misserfolgen wieder aufzustehen und unbeirrt weiterzumachen. Der Begriff stammt ursprünglich aus der Physik und bezeichnet die Eigenschaft eines Werkstoffs, auf Druck nachzugeben und danach wieder in die ursprüngliche Form zurückzufinden. Menschen, die über ein hohes Maß an Resilienz verfügen, rappeln sich nach Tiefschlägen wie ein Stehaufmännchen wieder auf. Ihre psychische Widerstandsfähigkeit wird gespeist durch Realitätssinn, eine optimistische Grundhaltung, Lösungsorientierung und Übernahme von Eigenverantwortung. Resiliente Menschen fragen bei Misserfolgen also eher »Was kann ich jetzt tun?« als »Warum musste das ausgerechnet mir passieren!?«.

Hinzu kommt: Manches, was im Nachhinein wie eine geniale

Strategie aussieht, ist in Wahrheit das Ergebnis geduldigen Ausprobierens und Tüftelns. Für das Gag-Feuerwerk, das ein Comedian auf der Bühne entzündet, werden im Team Hunderte von Witzen geschrieben und ausprobiert. Die allermeisten erweisen sich im Praxistest als Blindgänger und verschwinden in der Versenkung. Jedes Jahr erscheinen rund 200 neue Parfums, mehr als 90 Prozent werden nach kurzer Zeit wieder vom Markt genommen.[36] Im gleichen Zeitraum kommen allein in Deutschland rund 80 000 Bücher auf den Markt. Nur ein Bruchteil schafft es in die Bestsellerlisten; viele floppen genauso krachend wie der schwule Ken als bester Freund von Barbie oder das pinkfarbene Automodell für Damen, für das Chrysler trotz Lippenstifthalter und Polstern mit Rosenmustern wenige Käuferinnen fand.[37] Wer an einem Businesskonzept feilt, wappnet sich daher am besten, indem er auf die 10er-Regel setzt: Auf zehn Ideen kommt am ehesten eine gute bis sehr gute, ähnlich wie auf zehn Gags ein Schenkelklopfer kommt und auf zehn Bücher eines, das sich zum Longseller entwickelt (und damit noch nicht zum Bestseller!).[38] Wenn etwas gleich beim ersten Mal glückt, ist es – Glück! Diese Daumenregel schützt vor überzogenen Erwartungen. Sie dringt deswegen so wenig ins öffentliche Bewusstsein vor, weil Menschen Erfolge nachträglich rationalisieren und auf dem Konto unserer Genialität verbuchen (»Ich habe eben an alles gedacht und den richtigen Riecher bewiesen!«), Misserfolge dagegen auf das Konto unglücklicher Umstände verschieben (»Dafür kann ich nichts, das war nicht vorherzusehen.«).

Ohne Risiko also kein großer Erfolg – no risk, no fun. Wer große Fische fangen will, muss den sicheren Hafen verlassen, sagt ein Sprichwort. Was wäre aus Red-Bull-Gründer Dietrich Mateschitz geworden, wenn sein Energydrink nur als merkwürdige Zuckerbrause belächelt worden wäre? Was aus Braumeister Dieter Leipold, wenn Bionade Ende der Neunzigerjahre nicht zum Szenegetränk avanciert wäre? Mateschitz hatte für sein Projekt einen Posten im Marketing bei Blendax gekündigt, Leipold jahrelang in der eigenen Wohnung am Bionade-Rezept gebastelt und sich und seine Familie durch den Betrieb einer Dorfdisko über Wasser gehalten. Natürlich spielt in all diesen Fällen auch Glück eine Rolle – ein Faktor, auf den wir noch zu sprechen kommen. Aber ohne ihre Risikofreudigkeit hätten die beiden Herren auch kein Glück haben können. Dabei meine ich mit Risikofreudigkeit nicht Kamikazementalität. Auch wenn es Sie überraschen mag: Wer zielstrebig auf einen Erfolg zusteuern will, bringt am besten das Durchhaltevermögen und die Kaltblütigkeit eines Poker-Profis mit.

Dem Außenstehenden erscheint Poker als Glücksspiel, das bestenfalls von der Fähigkeit abhängt, trotz eines schlechten Blatts zu bluffen – also das sprichwörtliche Pokerface aufzusetzen. Stimmte das, würde es allerdings wenig Sinn machen, Pokerwettbewerbe abzuhalten und Weltmeister zu küren. Zwar wird beim Pokern ein zufälliges Blatt zugeteilt, und der Spieler muss unter unsicheren Bedingungen handeln, weil nicht genau weiß, was seine Gegner in den Händen halten. Trotzdem hat Pokern offenbar etwas mit Können zu tun und weist verblüffende Parallelen zum Business auf: Wer geschäftlich etwas wagt, muss mit Unsicherheiten klarkommen, also Risiken eingehen. Er weiß weder, was für ein Blatt seine Konkurrenten haben, noch kann er exakt vorhersagen, wie seine Kunden reagieren werden. Das Schicksal eines Unternehmers wird wie das eines Pokerspielers von Faktoren mitbestimmt, auf die er keinen Einfluss hat (etwa Konjunktur, Konsumklima, politische Rahmenbedingungen, Fortune und Ideenreichtum der Mitbewerber). Ein erfolgreicher Pokerspieler zeichnet sich dadurch aus, dass er sich der Risiken des Spiels bewusst ist, sich nicht von kurzfristigen Misserfolgen irritieren – oder kurzfristigen Erfolgen blenden! – lässt, sondern möglichst kühl die jeweilige Spielsituation analysiert und vor diesem Hintergrund akzeptable Risiken eingeht. Er zockt weder mit dem Mut der Verzweiflung noch glaubt er an irrationale Faktoren wie ein goldenes Händchen. Um im obigen Bild zu bleiben: Ein Pokerspieler macht sich auf, große Fische zu fangen. Aber wenn er sich auf das offene Meer wagt, tut er das mit der besten Ausrüstung und mit wachem Blick für Wind und Wellen.

In ihrem Buch *Das Poker Mindset* beschreiben die Profispieler Ian Taylor und Matthew Hilger die psychologischen Voraussetzungen für erfolgreiches Pokern. Viele ihrer Ratschläge würden auch Existenzgründern, Unternehmern oder Aktienliebhabern guttun:

- Akzeptieren, dass kurzfristig das Glück regieren mag, langfristig aber die richtige Strategie über den Erfolg entscheidet;

- nicht überstürzt handeln, sondern Risiken immer wohlüberlegt nach Analyse der Situation eingehen;

- sich nicht von Emotionen wie Verzweiflung, Wut, Rache oder Angst leiten lassen;

- sich nicht in eine Situation manövrieren, in der man aus einem finanziellen Engpass heraus unbedingt gewinnen *muss*, weil dies die Urteilskraft trübt;

- sich nicht vom eigenen Ego leiten lassen (z. B. etwas tun, weil man es einem Konkurrenten zeigen will, oder etwas lassen, weil man für andere nicht dumm aussehen möchte);

- das eigene Handeln fortwährend reflektieren und optimieren (Welche Fehler hat man gemacht, wie kann man diese zukünftig vermeiden?);

- sich mit dem Gedanken anfreunden, dass kurzfristiger Gewinn nicht zwingend heißt, man macht alles richtig, und kurzfristiger Verlust nicht bedeuten muss, man macht etwas falsch;

- sich auf das Spiel selbst (das Business, das Projekt) konzentrieren und nicht darauf, möglichst viel Kohle zu machen;

- sich nicht mit »durchschnittlichen« Erfolgen zufriedengeben, sondern das Maximum erreichen wollen;

- »verworrenes Denken«, also logisch falsche Schlüsse, vermeiden.[39]

Erfolgreiche Spieler sind eher kühle Strategen als Hasardeure, die den Nervenkitzel als solchen lieben. Und Topmanager erleben am ehesten eine Bruchlandung, wenn ihnen ihr Ego die Sinne verne-

Schnell-Check Risiko

- Welche Risiken sind Sie in Ihrem Leben bereits eingegangen?

- Wie würden Sie Ihr Verhältnis zum Risiko beschreiben? Pokern Sie gern hoch? Gehen Sie lieber auf Nummer sicher? Neigen Sie zu »Augen zu und durch« oder behalten Sie auch in risikoreichen Situationen einen kühlen Kopf?

- Wie gut können Sie mit Niederlagen umgehen? Wirft Sie so schnell nichts um – oder brauchen Sie länger, um sich nach einem Misserfolg wieder hochzurappeln?

belt, siehe Wendelin Wiedekings Versuch, den viel größeren VW-Konzern zu entern, siehe Jürgen Schrempps Träume von der »Welt AG«, die Daimler nach Chrysler greifen und Milliarden versenken ließen, oder auch Richard Fuld, Chef der Bank Lehman Brothers, deren Bankrott die Wirtschaftskrise einleitete. Der war im ersten Leben Pilot der US-Luftwaffe, ein Job, zu dem der Nervenkitzel dazugehört. Fuld pokerte bei seinen riskanten Geschäften und war alles andere als ein kühler Stratege. Er drohte Gegnern gern damit, ihnen das Herz bei lebendigem Leibe herauszureißen und es aufzuessen.[40] Ergebnis: die »größte Insolvenz der US-Geschichte«, bei der 25 000 Menschen ihren Job verloren.[41]

Mentoren – Die Paten des Erfolgs

Auch Helden brauchen Helfer. »Mentor« hieß in der griechischen Mythologie der Freund des Odysseus und Erzieher seines Sohnes

Telemachos. Ein Mentor ist ein berufserfahrener Begleiter, der seinem weniger erfahrenen Mentee regelmäßig mit Rat und Tat zur Seite steht. Viele Unternehmen und Berufsverbände organisieren inzwischen Mentoring-Programme, auch im Fall von Firmen gern als Cross-Mentoring und damit als Austausch über Unternehmensgrenzen hinweg. Mentoren öffnen Türen, stellen ihren Schützlingen die richtigen (wichtigen) Leute vor, beraten in schwierigen beruflichen Situationen und geben Tipps für den Aufstieg. Sie sind außerdem Vorbilder dafür, dass man es schaffen kann. Als »Doping für die Karriere« bezeichnete die *Welt* die Berater im Hintergrund und zitierte eine Studie aus dem Bankensektor, der zufolge über 60 Prozent der späteren Top-Führungskräfte durch einen Mentor begleitet wurden.[42]

Die Vorstellung vom »Selfmade-Man«, der die Ärmel hochgekrempelt und es allein bis nach oben geschafft hat, ist ein Mythos, und dasselbe gilt selbstredend für ambitionierte Frauen. Auf der folgenden Seite finden Sie eine Übersicht bekannter Persönlichkeiten, die ihren Aufstieg unter anderem den richtigen Mentoren zu verdanken haben. Die bunte Liste quer durch die Jahrhunderte, Branchen und Lebensbereiche lässt die Mär vom fulminanten Aufstieg aus eigener Kraft fragwürdig erscheinen. Einige Mentees überstrahlen langfristig sogar ihre Mentoren, wie etwa Martin Luther King oder Basketballstar Dirk Nowitzki. Weitere Beispiele finden Sie im Netz in der »Mentor Hall of Fame«.[43]

»Keiner gewinnt allein!«, das gilt nicht nur im Fußball. Wenn ein alter Hase den Neuling in die geschriebenen und ungeschriebenen Gesetze der jeweiligen Branche einweiht, ist das von unschätzbarem Vorteil. Auch soziale Aufsteiger berichten häufig, dass es in ihrer Umgebung mindestens eine Person gab, die an ihre Fähigkeiten geglaubt und sie unterstützt hat – einen Lehrer, Ausbilder oder Verwandten, der ihnen den Rücken stärkte. Initiativen wie »Arbeiterkind« für Studierende aus bildungsfernen Schichten oder kommunale Paten- und Mentorenprojekte für Kinder aus sozial benachteiligten Familien greifen diese Erfahrung auf.[45]

Tabelle 1 Große Namen und ihre Mentoren

Große Namen	... und die Mentoren im Hintergrund[44]
Alexander der Große	Aristoteles
Justin Bieber	Jay Z (Rapper und Produzent)
Rebekah Brooks (Verlagschefin)	Rupert Murdoch
Winston Churchill	Bourke Cockran (Politiker und Jurist)
Mathias Döpfner (CEO Springer Konzern)	Friede Springer
50 Cent (Rapper)	Eminem (Rapper)
Carl Gustav Jung	Sigmund Freud
Klaus Kleinfeld	Heinrich von Pierer
Helmut Kohl	Konrad Adenauer
Heath Ledger (Schauspieler)	Mel Gibson
Lena	Stefan Raab
John Major	Margaret Thatcher
Dmitri Medwedew	Wladimir Putin
Angela Merkel	Helmut Kohl
Gwyneth Paltrow	Madonna
Platon	Sokrates
René Obermann	Klaus Zumwinkel
Rihanna	Jay Z (Rapper und Produzent)
Yves Saint Laurent	Christian Dior
Johann Wolfgang Goethe	Johann Gottfried Herder
Steven Spielberg	Stanley Kubrick
Elizabeth Taylor	Audrey Hepburn
Tina Turner	Mick Jagger

Jeder Formel-1-Sieger wäre ohne ein kompetentes Team verloren. Jeder Entertainer wäre ohne Texter, Gagschreiber, Sprechtrainer, Regisseur aufgeschmissen. Jeder Spitzenpolitiker beschäftigt Berater, Redenschreiber, wissenschaftliche Mitarbeiter. Bundeskanzlerin Angela Merkel hat ihren Einzug ins Kanzleramt auch der Unterstützung eines Teams prominenter Frauen, darunter Verlegerin Friede Springer und Journalistin Sabine Christiansen, zu verdanken. Die machtbewussten Damen öffneten der Anwärterin die Türen zu wichtigen gesellschaftlichen Veranstaltungen und sollen am optischen Wandel von »Kohls Mädchen« zur künftigen Kabinettschefin nicht unbeteiligt gewesen sein.[46] Bei Merkels Vereidigung 2005 saß das Quartett auf der Bundestagstribüne und genoss den Sieg der eigenen Kandidatin.[47] Hinter großen Erfolgen steckt außer Ehrgeiz und Durchhaltewillen häufig auch die Bereitschaft, dazuzulernen und sich professionelle Helfer zu suchen, vom informellen Netzwerk über Medienberater bis zum Stylisten.

Professionelle Unterstützer und Mentoren haben eine wichtige Motivationsfunktion, weil sie im Idealfall ein wertschätzendes »Du schaffst es!« mit der gemeinsamen Erarbeitung konkreter Hand-

Schnell-Check Mentoren

- Was fehlt Ihnen aktuell, um mehr Erfolg zu haben? Wo liegen Ihre ganz persönlichen Grenzen?

- Welche Profis könnten Ihnen helfen? Wie viel können/wollen Sie in Ihre Person investieren?

- Wer hat es in Ihrem Zielgebiet weit gebracht und käme als Mentor für Sie infrage? Und wer könnte den Kontakt zu dieser Person vermitteln?

lungspläne und anschließender Erfolgskontrolle verbinden. Eine wirksame Mischung aus Zuckerbrot und Peitsche, die in der Friede-Freude-Eierkuchenwelt der meisten Motivationsgurus konsequent ausgeblendet bleibt. Das ist kein Wunder, denn dort wird einfacher und grenzenloser Erfolg versprochen. Doch wer sich Helfer sucht, weiß, dass Erfolg nicht einfach passiert. Und er muss vor allem erst einmal die eigenen Grenzen erkannt haben.

Glück – Der unterschätzte Faktor

Die Rolle des Glücks für das Erringen von Ruhm und Ehre schält sich am deutlichsten bei jenen Glücklosen heraus, die alles mitbrachten – Willenskraft, Fokus, Opferbereitschaft und den Mut zum Risiko, sogar wohlmeinende Gönner – und trotzdem zu Lebzeiten weitgehend erfolglos blieben. Als Vincent van Gogh sich mit 37 Jahren in die Brust schoss, hatte er in nur zehn Jahren 1000 Zeichnungen angefertigt und rund 840 Bilder gemalt – und nur ein einziges davon verkauft. Van Gogh war zeitlebens von seinem jüngeren Bruder Theo, einem Kunsthändler, finanziell abhängig. Auch Kontakte zu anderen Künstlern seiner Zeit wie Henri de Toulouse-Lautrec oder Paul Gauguin beförderten sein Fortkommen nicht. Heute erzielen seine farbenfrohen Gemälde Rekordpreise. Sein »Porträt des Dr. Gachet« wurde 1990 bei Christie's für 82 Millionen Dollar versteigert und war damals das teuerste Gemälde der Welt. Van Gogh sollte also recht behalten, als er sagte:»Ich kann nichts dafür, dass meine Bilder sich nicht verkaufen lassen. Aber es wird die Zeit kommen, da die Menschen erkennen, dass sie mehr wert sind als das Geld für die Farbe.«[48] Vielleicht war der Maler seiner Zeit einfach zu sehr voraus?

Nicht viel besser erging es Franz Kafka. Sein Werk zählt heute zur Weltliteratur, seine Art zu schreiben ist so einzigartig, dass das Adjektiv »kafkaesk« in den *Duden* Eingang fand. Dennoch soll der

Verleger Kurt Wolff den Prager Schriftsteller einmal als den größten Flop seiner Verlegerlaufbahn bezeichnet haben. Das ist zwar etwas übertrieben, doch gemessen an seiner heutigen literarischen Bedeutung war Kafka zu Lebzeiten nur sehr überschaubarer Erfolg vergönnt.[49] Umgekehrt hat eine glückliche Fügung manchem Ausnahmeerfolg den Weg geebnet. Aristoteles Onassis verdankte seinen Reichtum wesentlich einem exzellenten Geschäft zu Beginn seiner Karriere, als er einem bankrotten Reeder die Schiffsflotte für einen Spottpreis abkaufte. Thomas Middelhoffs Image zehrte jahrelang vom Coup des Aktiengewinns durch den rechtzeitigen Verkauf der AOL-Aktien während seiner Bertelsmann-Zeit. Bill Gates wurde zur richtigen Zeit in die richtige Familie geboren, die ihn auf eine Schule schickte, die die ersten Computer hatte und ihn tagelang programmieren ließ. Der Milliardär und Abenteurer Richard Branson spielte durch ein einziges Projekt in den Anfängen seiner Laufbahn das nötige Kapital für seine weiteren ehrgeizigen Unternehmungen ein: Das erste Album seiner »Virgin Records« stammte von einem damals weitgehend unbekannten Bassisten der »Kevin Ayers Group«. Es sollte sich über fünf Millionen Mal verkaufen, nicht zuletzt deswegen, weil eine Songpassage in die Filmgeschichte einging. Der Bassist hieß Mike Oldfield, die Platte »Tubular Bells«. »Ich habe es produziert, und am Ende wurde seine Musik im Film *Der Exorzist* eingesetzt«, erzählte Richard Branson dem Hochglanzmagazin *High Life*, »und wenn ich daran denke, dass dieser Typ mit einer Kassette zu mir kam, die kein Mensch haben wollte…«.[50] Eine solche Verkettung glücklicher Umstände lässt sich nicht planen.

Glück ist … der passende Geburtstag

Für spätere Erfolge kann sogar der Zeitpunkt relevant sein, an dem Ihre Eltern Sex hatten. In seinem Buch *Überflieger* zeigt Malcolm Gladwell das am Beispiel kanadischer Hockey-Mannschaften. Die meisten der Spieler haben in den Monaten Januar bis März Geburtstag. Da der Stichtag für die Mannschaftsauswahl in allen Ligen der 1. Januar ist, sind die Winterkinder ihren Sportkollegen von Anfang an körperlich überlegen, ein Vorteil, der sich in ihrer Trainingslaufbahn aufsummiert. Auch das Geburtsjahr kann eine Rolle spielen: Wer Mitte der Fünfzigerjahre des 20. Jahrhunderts geboren wurde, hatte mehr Chancen, in der durchstartenden IT-Branche ein Vermögen zu verdienen, als zehn Jahre später Geborene. Bill Gates kam 1955 auf die Welt, Steve Jobs im selben Jahr, Paul Allen 1953, Steve Ballmer 1956, Eric Schmidt 1955. Ein ähnlicher Effekt lässt sich beobachten, schaut man sich die Liste der 75 reichsten Menschen aller Zeiten(!) an. Darunter sind 14 US-Amerikaner, die in den Dreißigerjahren des 19. Jahrhunderts geboren wurden und damit genau richtig, um in der Phase der wirtschaftlichen Umwälzungen der Sechziger- und Siebzigerjahre jenes Jahrhunderts im besten Business-Mannesalter zu sein – etwa John D. Rockefeller, Andrew Carnegie und John Pierpont (J.P.) Morgan.[51]

Doch obwohl glückliche Fügungen den individuellen Erfolg begünstigen (und unglückliche ihn hemmen) können, besteht kein Anlass für Fatalismus. Der legendäre Filmproduzent Samuel Goldwyn soll einmal gesagt haben: »Je härter ich arbeite, desto mehr Glück habe ich.« Dieses Zitat wird auch Thomas Jefferson, dem dritten Präsidenten der Vereinigten Staaten, oder Dave Thomas, dem Gründer der Restaurantkette Wendy's, zugeschrieben, ebenso diversen erfolgreichen Sportlern. Offenbar finden sich viele Erfolgsmenschen in dieser Weisheit wieder. Nüchtern formuliert: Wer nichts tut, kann auch kein Glück haben. Selbst für einen Lottogewinn müssen Sie sich zumindest aufraffen und einen Schein ausfüllen. »Glück« ist für mich daher nicht der willkürliche Blitzschlag des Schicksals, sondern die Kombination von guter Vorbereitung und günstiger Gelegenheit. Je fokussierter Sie an Ihrem Projekt arbeiten, je mehr Wege Sie beschreiten, je aktiver Sie sind, je mehr Leute Sie treffen, je professioneller Sie sich Unterstützer organisieren etc., desto wahrscheinlich wird es, dass sich die Umstände zu Ihren Gunsten entwickeln. Das hat nichts mit gutgläubigen »Bestellungen ans Universum« zu tun, sondern ist vielmehr eine Kombination von eigener geschärfter Wahrnehmung und Vermehrung der Gelegenheiten, die einen günstigen Verlauf nehmen können. Wenn Sie auf der Suche nach Ihrer Traumfrau oder Ihrem Traummann sind, ist es ja auch wenig empfehlenswert, im stillen Kämmerlein darauf zu hoffen, dass der Märchenprinz oder die Märchenprinzessin just in dem Moment vor Ihrer Haustür vorbeireitet, wenn Sie gerade den Müll rausbringen. All das führt uns letztlich doch wieder zurück zu den Erfolgszutaten 1 bis 5 von Willenskraft bis nützliche Helfer.

Die Kombination von guter Vorbereitung und dem Schaffen von Gelegenheiten erhöht die Wahrscheinlichkeit, dass sich Erfolg einstellt. Selbst Vincent van Gogh hätte möglicherweise weit mehr Publikumsresonanz gehabt, wäre er nicht psychisch labil und persönlich schwierig gewesen, hätte er sich nicht mit Malerfreunden wie Gauguin entzweit und wäre er nicht so jung gestorben. Was sich nicht erzwingen lässt und wofür es in der Regel das berüchtigte Quäntchen Zusatzglück braucht, ist der ultimative Megaerfolg. Doch gerade aus diesen Ausnahmeerfolgen leiten viele Motivationsgurus ihre »Alles ist möglich«-Botschaften ab und ignorieren damit, dass auf jeden Richard Branson zahlreiche durchschnittlich erfolgreiche Musikproduzenten und etliche völlig erfolglose kommen. »Man sieht nur die im Lichte, die im Dunkeln sieht man nicht«, heißt es schon in der Dreigroschenoper.

Noch ein letzter Aspekt: Es genügt nicht, Chancen zu haben, man muss sie auch sehen. Manche Menschen verfügen einfach über einen besseren »Chancenradar« als andere, sie wittern Geschäftsideen, die andere übersehen, sie erkennen wertvolle Kontaktmöglichkeiten, wo andere den ruhigen Feierabend bedroht sehen, sie fragen gewohnheitsmäßig »Ja, warum eigentlich nicht?!«, statt sich ebenso routiniert in die »Ja, aber«-Stagnation zu flüchten. Das kann man sich übrigens auch dann noch angewöhnen, wenn man durch eine langjährige »Ja, aber«-Schule in Ausbildung und Berufsleben gegangen ist. Menschen mit Chancenradar sind ein wenig wacher, neugieriger und risikofreudiger als der Durchschnitt. Damit fallen Sie manchmal auf die Nase, doch das passierte sogar Richard Branson, der es mal mit einer »Virgin Cola« und auch mit einem »Virgin PC« versuchte. Beides verschwand sang- und klanglos in der Versenkung. Man kann eben nicht immer Glück haben!

Großzügigkeit – Reich ist, wer gerne gibt!

Die USA sind nicht nur das Land mit den meisten Milliardären, sie sind auch das Land mit dem höchsten Spendenaufkommen. Pro Jahr werden hier knapp 250 Milliarden Dollar gespendet, das sind pro Einwohner 860 Dollar. Ein Drittel der Spenden kommt von Unternehmen.[52] Geben ist seliger denn Nehmen, heißt es schon in der Apostelgeschichte, und eine ganze Reihe Wohlhabender scheint das zu beherzigen. Prominentestes Beispiel ist Bill Gates, der einen Großteil seines enormen Vermögens in die Melinda & Bill Gates Foundation überführte und damit seit 1999 Entwicklungs-, Bildungs- und Gesundheitsprojekte in aller Welt fördert. Mit einem Stiftungsvermögen von 40 Milliarden Dollar[53] ist die Organisation eine beachtliche internationale Größe, die auf Augenhöhe mit Regierenden verhandelt.

Auf den ersten Blick scheint persönlicher Reichtum nicht nur das offensichtlichste Erfolgsmerkmal, sondern auch der beste Weg zum Glück. Doch schon Dagobert Duck wirkt bei seinem Goldtalerbad nicht wie ein glücklicher Zeitgenosse. Was die Bibel predigt, bestätigen inzwischen auch Soziologen, Neurologen und Glücksforscher. Die britische Charities Aid Foundation ermittelte 2010 einen internationalen »Geber-Index«. Dafür befragte man Menschen in der ganzen Welt, ob sie im letzten Monat Geld für einen guten Zweck gespendet, ihre Zeit einer sozialen Organisation zur Verfügung gestellt oder einem Fremden geholfen hätten. Man setzte die Ergebnisse in Beziehung zu einem »Wohlfühl-Index«, bei dem die Befragten sich auf einer Skala von 0 bis 10 einschätzen sollten. Der Wert 10 stand für das »bestmögliche Leben«. Ergebnis: »Geben macht glücklich!«[54] In Regionen mit größerer Hilfs- und Spendenbereitschaft waren die Menschen im Schnitt zufriedener mit ihrem Leben. Falls es Sie interessiert: In Deutschland ist mit einem Wohlfühl-Index von 6,7 und Rang 18 auf dem Geber-Index in beiden Dimensionen noch Luft nach oben.

Nun kann man darüber spekulieren, ob glückliche Menschen per se großzügiger sind oder Großzügigkeit die Menschen glücklicher macht – eine bloße Korrelation ergibt schließlich noch keinen Kausalzusammenhang. Doch weitere Studien erhärten die segensreiche Wirkung der Großzügigkeit für den Geber. Die Psychologin Elizabeth Dunn von der Universität von British Columbia beispielsweise testete, ob Menschen zufriedener sind, wenn sie ein Geldgeschenk für sich ausgeben oder wenn sie das für andere tun. Fazit: Die meisten der 600 Probanden fühlten sich besser, wenn sie Mitmenschen etwas Gutes getan hatten. Sind die Grundbedürfnisse eines Menschen befriedigt, bringt mehr eigenes Geld ihm allenfalls kurzfristig und unwesentlich mehr Glücksgefühle, bestätigen zahlreiche andere Erhebungen. So ist in den Industrienationen die Zufriedenheit in den letzten Jahrzehnten gleich geblieben, obwohl der Wohlstand erheblich zugenommen hat.[55] Hirnforscher fanden heraus, dass unser Gehirn Hormone wie Opioide und Oxytocin ausschüttet, wenn wir uns um andere kümmern. Das sind körpereigene Drogen, die auch beim Sex eine Rolle spielen. Möglicherweise bringen gute Taten also mehr Lebensqualität als One-Night-Stands? Mediziner stellen sogar die These auf: »Wer hilft, lebt länger.« Professor Volker Faust schreibt unter Berufung auf seinen Kollegen Manfred Spitzer: »Wer gibt, wer hilft, wer für andere da ist, stabilisiert sich damit selber: seelisch, körperlich und psychosozial.«[56] Und selbst Apologeten des Reichtums wie Bodo Schäfer, der in einem Bestseller »den Weg zur finanziellen Freiheit« wies, oder David Bach, ein New Yorker Finanzberater, der verrät, wie man »automatisch Millionär« wird, überraschen ihre Leser mit Altruismus. Beide empfehlen, einen Teil der erworbenen Güter dafür zu verwenden, anderen zu helfen. Sie verweisen dabei auch auf die alttestamentliche Tradition des Zehnten, der an die Gemeinschaft zurückfließt.[57] All das lässt die häufig ausschließlich um das eigene Ego kreisenden Empfehlungen der Tsjakkaa-Szene als ziemlich einseitig erscheinen. Winston Churchill brachte es einmal so auf den Punkt: »Für unseren Lebensunterhalt ist wichtig, was wir verdienen – für unseren Lebensinhalt, was wir geben.«

Was ist Erfolg?

1904 gewann Elisabeth-Anne (Bessie) Anderson Stanley einen Zeitschriftenwettbewerb, der Leser dazu aufforderte, in weniger als 100 Worten zu erklären, was »Erfolg« sei. Ihr Text ging seither um die Welt. Die deutsche Fassung braucht 129 Wörter, ist aber genauso lesenswert und zeigt, dass ein erfolgreiches Leben mehr ist als finanzieller Wohlstand:

»Was ist Erfolg?

Es hat derjenige Mensch Erfolg gehabt, der gut gelebt, oft gelacht und viel geliebt hat,

der sich Vertrauen und Achtung intelligenter Menschen verdiente und die Liebe von kleinen Kindern,

der die Anerkennung von aufrichtigen Kritikern verdiente und den Verrat von falschen Freunden überstand,

der seinen Platz fand und seine Aufgabe erfüllte,

der die Welt besser verließ, als er sie vorfand,

sei es durch schöne Blumen, die er züchtete, ein vollendetes Gedicht oder eine gerettete Seele.

Es hat derjenige Erfolg gehabt, dem es nie an Dankbarkeit fehlte, und der die Schönheit unserer Erde zu schätzen wusste, und der nie versäumte, dies auszudrücken,

der in anderen immer das Beste suchte und von sich das Beste gab,

dessen Leben eine Inspiration war

und die Erinnerung an ihn ein Segen.«

Nimmt man all das zusammen, ergibt sich daraus eine paradoxe Erfolgsregel: Einerseits ist ein gewisses Maß an Selbstbezogenheit oder Selbstsucht für die energische Verfolgung eigener Projekte hilfreich – wenn nicht unerlässlich (vgl. Teil I, »Selbstsucht«). Andererseits ist es aber genauso wichtig, nicht völlig im Strudel der Eigeninteressen zu versinken. Nur wer die Nächsten nicht ganz aus dem Blick verliert, verhindert, dass er einsam wird wie Dagobert Duck, hartherzig wie die Minen-Milliardärin Gina Rinehart oder blind auf Luxus fixiert wie Mehmet Göker (vgl. Teil I –, »Skrupellosigkeit«). Bill Gates war als Microsoft-Vorstand sicher kein Heiliger, die aggressiven Geschäftsstrategien des Unternehmens sind hinlänglich bekannt. Dennoch zählt er heute zu den größten Wohltätern weltweit. Geld allein macht tatsächlich nicht glücklich. Wer von seinem Überfluss abgibt, wer anderen hilft, hilft damit vielleicht am allermeisten sich selbst. Er rettet seine Seele und führt ein reicheres Leben.

P.S. So gesehen ist Großzügigkeit auch schon wieder selbstsüchtig. Wer wäre Bill Gates heute, gäbe es seine Stiftung nicht? Vielleicht ein beinahe vergessener IT-Milliardär im Vorruhestand, der seine Zeit auf dem Golfplatz und mit dem Sammeln teurer Kunst füllte. Man würde sich vorwiegend zu irgendwelchen Jahrestagen an ihn erinnern und ihn mit durchsichtigen Motiven zu Wohltätigkeitsbasaren einladen. Durch die Melinda & Bill Gates-Foundation ist der Microsoft-Gründer weltweit gefragt und im Gespräch mit Staatenlenkern. Ihm wird mehr Achtung und Respekt entgegengebracht als vermutlich je zuvor. Bestätigt wird dieser Gedanke durch das *manager magazin*, das der Lust wohlhabender Deutscher an der Kunstförderung 2014 einen Artikel unter der Überschrift »Der neue Charme der Bourgeoisie« widmete. Neben der Freude am Helfen verhilft das Mäzenatentum zu einer Eintrittskarte in die gehobenen Kreise und deren Events und bietet die Möglichkeit, wertvolle Kontakte zu knüpfen.[58] Wie sagte Geraldine Chaplin? »Die Wahrheit ist selten so oder so. Meistens ist sie so und so.«

Schnell-Check Großzügigkeit

● Wem gegenüber waren Sie in den letzten Wochen großzügig?

● Wann haben Sie sich das letzte Mal gut gefühlt, weil Sie einem anderen Geld oder Zeit geopfert haben?

● Wofür würden Sie sich gern engagieren? Und wie viel können (oder wollen) Sie entbehren? Notieren Sie sich Ihre Antworten darauf am besten schriftlich!

Alles hat seine Zeit – Work-Life-Tides

Top-Managerinnen, die vom Morgengrauen bis zum späten Abend im Einsatz sind. Unternehmensgründer, die ihre Existenz aufs Spiel setzen und in schlechten Zeiten ihre Altersvorsorge riskieren. IT-Enthusiasten, die über Jahre wie besessen kaum etwas anderes tun als zu programmieren, und Sportler, die trotz Schmerzen Tag für Tag ein hartes Trainingsprogramm durchziehen. Wenn das das Ergebnis von Motivation ist, mag man dann überhaupt noch topmotiviert sein? Wo bleibt da die viel beschworene Work-Life-Balance?

Ich habe es im Abschnitt 1 (»Willenskraft«) bereits angedeutet: Ich halte nicht viel von »Work-Life-Balance«. Die Metapher des Balancierens evoziert eine heikle Gradwanderung mit der dauernden Gefahr, abzustürzen, und das entspricht ja durchaus der Lebenswirklichkeit vieler Menschen. Tagtäglich versuchen sie, eine Reihe von Ansprüchen unter einen Hut zu bringen, Karriere, Familie, Interessen. Das klappt, solange nichts schiefgeht. Da im Leben jedoch regelmäßig etwas schiefgeht, ist es aus mit der Balance, sobald ein Projekt unerwartet mehr Zeit braucht, ein Kind krank wird oder der Chef wechselt. Dann stürzt die wackelige Alltagsorganisation zusammen wie ein Kartenhaus. Vor einiger Zeit stolperte ich über einen Artikel zum Thema »Die erschöpfte Familie«. Alle Mitglieder, ob Vater, Mutter, Teenagertochter oder kleiner Bruder, alle waren unzufrieden, alle klagten über Stress und zu wenig Zeit. Schließlich wolle man neben Arbeit und Schule beziehungsweise Hausaufgaben ja auch regelmäßig zum Handball beziehungsweise zum Yoga, und auch der Kirchenchor sei wichtig, und übers Smartphone bis spätabends mitzuchatten sei quasi Teenagerpflicht, und jeden Tag müsse gesund gekocht werden, und der Musikunterricht der Kinder und das Ballett und die Fahrdienste und die Verpflichtungen im Kindergarten... Ein wenig klang das nach einem Vierjährigen, der sich beim Kindergeburtstag durch das gesamte Süßigkeitenangebot gefuttert hat und sich hinterher bitter beklagt, dass ihm übel wird.

Mein Eindruck ist: Wir leben in einer Zeit, in der immer mehr Menschen alles wollen, und zwar sofort. Work-Life-Balance ist zum untauglichen Versuch verkommen, stetig wachsende Ansprüche doch noch irgendwie unter einen Hut zu bringen. »Alles hat seine Zeit«, heißt es dagegen in der Bibel, Prediger Salomo: »Ein jegliches hat seine Zeit, und alles Vorhaben unter dem Himmel hat seine Stunde: Geboren werden hat seine Zeit, sterben hat seine Zeit; pflanzen hat seine Zeit, ausreißen, was gepflanzt ist, hat seine Zeit« lauten die Verse 1 und 2, und nach einer langen Aufzählung schließt Salomo: »Da merkte ich, dass es nichts Besseres dabei gibt, als fröhlich sein und sich gütlich tun in seinem Leben. Denn ein Mensch, der da isst und trinkt und hat guten Mut bei all seinem Mühen, das ist eine Gabe Gottes.« Das klingt wie ein moderner Aufruf zu mehr Achtsamkeit und Gelassenheit.

An die Stelle des »Alles auf einmal« der Work-Life-Balance möchte ich ein Gezeitenmodell des stetigen Wandels setzen: die Work-Life-Tides. Vor einiger Zeit war ich in einem Kongresshotel an der Nordseeküste von einem Konzern als Redner gebucht. In einer Veranstaltungspause spazierte ich die nahe Seepromenade entlang. Schon von Weitem wurde ich auf einen hüpfenden Dreijährigen aufmerksam, der fröhlich einen Plastikeimer schwenkte und dabei in Endlosschleife sang »Wir geh'n ans Was-ser! Wir geh'n ans Was-ser!« Mehr Motivation geht nicht. Doch die ältere Dame, die den Knirps an der Hand hielt, hätte gewarnt sein können: In dem Moment, als der Kleine endlich das Meer sehen konnte, war da – gar nichts. Es herrschte schlicht Ebbe. Die Fröhlichkeit des Jungen war wie weggeblasen. Wütend schmiss er seinen Eimer hin und rief vorwurfsvoll: »Oma! [*Pause*] Kein Wasser!!« Dann brach er in Tränen aus. Er war durch nichts zu überzeugen, dass das Wasser »wiederkommen« würde, und blieb am Boden zerstört.

Work-Life-Tides bedeutet: Unterschiedliche Lebensphasen verlangen unterschiedliche Schwerpunktsetzungen, will man nicht unter dem Druck der eigenen Ansprüche einknicken. Das setzt eine reife Persönlichkeit, eine bewusste Lebensplanung und die

Zuversicht voraus, dass die Zeit für andere Vorhaben schon kommen wird. Ein prominentes Beispiel für ein derartiges Lebenskonzept ist Tennisstar Steffi Graf, die als Leistungssportlerin beeindruckende Erfolge feierte, sich dann auf die Familie konzentrierte und nach einigen Jahren als Geschäftsfrau aktiv wurde. Ein anderes ist Bill Gates, der all seine Kreativität zunächst in das Computergeschäft investierte und sich heute mit ähnlicher Verve sozialen Fragen widmet.

Work-Life-Tides bedeutet auch, sich dem Wechsel von guten und weniger guten Zeiten im Leben zu stellen. Die Glücksgöttin Fortuna wird oft mit einem Rad abgebildet, das sie dreht und das dieses Auf und Ab symbolisiert. Wer heute obenauf ist, kann morgen schon in eine Krise stürzen, durch Krankheit, geschäftliche Fehler, privates Unglück. Entscheidend ist, sich den Glauben zu bewahren, dass es auch wieder aufwärts gehen kann – dass das Rad sich weiterdreht, dass das Meer zurückkommt, selbst wenn gerade Ebbe ist. Menschen mit hoher Resilienz bewahren sich diesen Glauben und tun gleichzeitig etwas dafür, dass das Blatt sich wieder wendet. Sie legen nicht einfach die Hände in den Schoß und warten. Wer sich der Gezeiten des Lebens bewusst ist, denkt bei Flut schon an die Ebbe und bleibt bei Ebbe zuversichtlich, dass das Wasser schon wiederkommen wird. Er wappnet sich in jeder Phase innerlich für die nächste und trifft konkrete Vorbereitungen. Man braucht Geduld und einen langen Atem, wenn man sein Leben im Einklang mit dem Wechsel der Gezeiten führen will. Die im Grunde konservativen Erfolgsrezepte der Senkrechtstarter – Willensstärke und Hartnäckigkeit, Fokus und Konzentration, Opfer- und Risikobereitschaft, sich weiterentwickeln und den richtigen Mentor suchen – illustrieren dies.

Für Sie kann das bedeuten, sich klar darüber zu werden, was in der jeweiligen Lebensphase im Vordergrund stehen soll und in welches Projekt Sie Ihre meiste Kraft investieren wollen. Wenn Sie beruflich nach den Sternen greifen, ein Unternehmen gründen oder 10 000 Stunden in Ihr Talent investieren wollen, ist das vermutlich nicht die beste Zeit, um gleichzeitig noch ein Haus zu bauen und sich aktiv in die Kindererziehung einzubringen. Alles auf einmal geht nicht – es sei denn, Sie haben einen Partner, der Ihnen erlaubt, sich auf Ihr Vorhaben zu konzentrieren, ohne Sie jeden Sonntag mit Vorwürfen zu überhäufen. Ein Mal »Tsjakkaa« zu rufen und kurzfristig zu Hochform aufzulaufen reicht nicht. Mehr dazu im zweiten Teil dieses Buches.

Die dunklen Triebkräfte der Top-Performer

Top-Performer erfüllen uns mit Staunen. Scheinbar mühelos haben sie die Fesseln ihres Herkunftsmilieus abgestreift, Armut, den frühen Tod eines Elternteils oder andere Schläge des Schicksals überwunden, um nach den Sternen zu greifen. Sie sind dabei nicht nur reich, sondern manchmal sogar superreich geworden. Sie sind nicht nur erfolgreich, sondern sie setzen neue Maßstäbe. Man kennt sie nicht nur, sie sind landesweit berühmt oder sogar weltbekannt. Die Motivation dieser Turbo-Senkrechtstarter scheint grenzenlos. Erst auf den zweiten Blick enthüllt sich der wahre Antrieb vieler Top-Karrieren, denn Ausnahmepersönlichkeiten haben häufig ein dunkles Geheimnis. Dabei tun sich erstaunliche Parallelen auf zwischen einem früheren Bundeskanzler und einem Porsche-Chef, zwischen James Bond und Steve Jobs, zwischen einer australischen Minenbesitzerin und einem deutschen CDU-Politiker, zwischen Torwartlegende Oliver Kahn und Dampfplauderer Markus Lanz. Sie alle haben aus Frust und Niederlagen den Treibstoff für ihren fulminanten Aufstieg destilliert. Anders ausgedrückt: Ihre Motivation, ihr Handlungsantrieb, speist sich aus denselben Quellen wie ihr persönliches Leid. Das aber ist ein gänzlich anderes Bild der »Motivation« als das Friede-Freude-Trallala-Konzept, mit dem manche Motivationstrainer durch die Lande tingeln. Könnten dunkle Triebkräfte also durchaus eine gute Seite haben? Schon die Frage rührt an ein Tabu – nicht für die Gordon Gekkos dieser Welt, die schon vor Jahren befanden: »Gier ist gut!« Aber für jeden Gläubigen, gleich welcher Konfession. Als überzeugter Christ und Sohn eines Laienpredigers hat mich diese Frage beunruhigt. Als Psychologe jedoch bin ich überzeugt: Es ist wertvoll, sich seiner dunklen Seite zu stellen. Das eröffnet die Möglichkeit, sie klug zu nutzen, statt sich von ihr hinterrücks überwältigen zu lassen. Lesen Sie also, warum die sieben Todsünden Sie nicht nur ins Verderben stürzen, sondern Ihnen ebenso gut Flügel verleihen können!

Gier – Genug kann nie genügen

Kim Schmitz wird 1974 in Kiel geboren. Er kommt aus kleinen Verhältnissen, später wird er die Hauptschule in Plön besuchen. Doch mit knapp 30 Jahren residiert Kim aus Kiel auf einem 25-Millionen-Dollar-Anwesen in Neuseeland, mit eigenem Helikopter vor dem Eingangsportal und gewöhnungsbedürftigen Giraffenstatuen auf dem golfplatzgroßen Rasen. Auch ein rundes Dutzend Luxusautos, ein Rolls-Royce Phantom, eine Harley und diverse extrateure Uhren zählen zu seinem Besitz – zumindest, bis das FBI diese Ansammlung von Statussymbolen im Januar 2012 beschlagnahmt.

Kim Schmitz ist inzwischen bekannt als »Kim Dotcom«. Er wollte bereits als Junge Millionär werden: »Aber nur, weil ich das Wort Milliardär noch nicht kannte.«[59] Schon Mitte der Neunzigerjahre wurde er wegen Computerbetrug, gewerbsmäßiger Bandenhehlerei und anderer Vergehen zu einer Jugendstrafe von zwei Jahren auf Bewährung verurteilt. Der begabte Hacker hatte rechtzeitig die Seiten gewechselt und mit den Ermittlern zusammengearbeitet, um Schlimmerem zu entgehen. In Neuseeland muss er sich wegen der Praktiken seines Unternehmens Megaupload mit der US-Bundespolizei herumschlagen. Doch wer dem *Spiegel*-Reporter folgt, der ihn 2013 in seinem »Kimpire« besucht, wird den Eindruck nicht los, dass es auch diesmal glimpflich ausgehen wird für Kim Schmitz. Zwar ist sein auf 175 Millionen Dollar geschätztes Vermögen noch beschlagnahmt, doch neuseeländische Richter haben die Razzia des FBI bereits für rechtswidrig erklärt.[60] Derzeit muss sich der IT-Unternehmer etwas bescheiden: Mehr als 20 000 Neuseeland-Dollar für den Lebensunterhalt hat ihm das Gericht nicht bewilligt. Monatlich, versteht sich. Nebst einer Million für die Jahresmiete, was Schmitz nach eigener Aussage »bei Weitem nicht reicht«.[61]

Wie kann ein Mensch so gierig sein!? Oder – ohne moralischen Zeigefinger: Was treibt jemanden dazu, seinen risikoreichen Geschäften rastlos weiter nachzugehen, obwohl er längst auf irgendeiner Karibikinsel komfortabel seine Millionen verleben könnte? Motivationsprobleme jedenfalls scheint der umtriebige Netzunternehmer nicht zu kennen. Wo der Stammtisch den Verfall der Sitten beklagt, suche ich als Psychologe nach Verhaltensauslösern, nach prägenden Erlebnissen, und horche auf, wenn ich lese: »Mein Vater ist Alkoholiker, und er hat mich und meine Mutter manchmal krankenhausreif geschlagen« (Kim Schmitz zu seinem Biografen Ende 2013). Seine Mutter habe die Familie mit mehreren Jobs gleichzeitig ernähren müssen.[62] Ferndiagnosen haben ihre Grenzen, sicher. Doch eine Kindheit in prekären finanziellen und sozialen Verhältnissen und die spätere Gier nach Geld, Erfolg und sozialer Anerkennung fügen sich zusammen wie ein Puzzle. »Die Ergebnisse der Entwicklungspsychologie zeigen, Motive werden umso stärker entwickelt, je mehr die entsprechenden Bedürfnisse in der Kindheit frustriert worden sind«, betont etwa Julius Kuhl, Inhaber des Lehrstuhls für Persönlichkeitspsychologie an der Universität Osnabrück.[63] Kurz gesagt: Die stärkste Ursache für Motivation ist Deprivation. Die Erfahrung eines Mangels ist ein größerer Antreiber als das rosarote Luftschloss, das manche Motivationstrainer errichten, um zahlungswillige Massen in große Hallen zu locken.

Wenn Sie bei »Motivation« bisher an Postkarten mit kitschigen Motiven und Durchhaltesprüchen, an Tsjakkaa-Parolen oder an die üblichen Neujahrsvisionen beim Belegschaftsempfang gedacht haben, können Sie sich entspannt zurücklehnen. »Motivation«

kommt von Motiv, also Antrieb oder Beweggrund. Motivation ist damit die Summe unserer Beweggründe – die Leistungsenergie, die uns ins Handeln bringt. Abseits der Sandkästen und Märchenstunden populärer »Du kannst alles schaffen, wenn du es nur willst«-Trainer ist das eine ungeheuer spannende Frage: Was bewegt uns wirklich zum Handeln? Warum ist der eine zu enormen Anstrengungen und Leistungen fähig, während der andere schon aufgibt, bevor er richtig angefangen hat?

Der Januarengpass im Fitnessstudio

Wenn Sie regelmäßig ins Fitnessstudio gehen (regelmäßig Mitgliedsbeiträge zu zahlen zählt hier nicht!), dann kennen Sie das: Nachdem es im Dezember angenehm leer war, tritt man sich im Januar auf die Füße. Der Winterspeck soll weg, der Rücken zwickt, so kann es nicht mehr weitergehen, im neuen Jahr wird alles anders! Spätestens ab Mitte Februar kann glücklicherweise wieder in Ruhe trainiert werden; das Gros der Silvestervorsätze ist jung gestorben und wurde in aller Stille beerdigt. »Es gibt eigentlich nur eine Gruppe von Neumitgliedern, die zuverlässig durchhält«, spottet ein erfahrener Trainer: »Das sind die Jungs und Mädels, die frisch getrennt sind. Die wollen sich für den Beziehungsmarkt tunen und es dem oder der Ex einmal richtig zeigen.« Trennungsschmerz ist ein starker Beweggrund, weit stärker als jede ärztliche Ermahnung oder gelegentliches Hadern mit dem Spiegelbild. Wie schon gesagt: Die stärkste Motivation ist Deprivation!

Zurück zu Kim Schmitz. Natürlich soll Sie dieses Buch nicht zu halbseidenen Geschäften ermuntern, und ebenso selbstverständlich ist Schmitz hier nicht als positives Vorbild gemeint. Kim Dotcom ist lediglich ein Beispiel dafür, welche ungeheure Energie dunkle Motive entfachen können. Dieses Muster findet sich auch bei anderen Top-Performern, die ihre Erfolge auf ganz legale Weise erzielen. Versteht man Gier als extrem starke Sehnsucht nach »Mehr«, kann man diese christliche Todsünde auch ihnen attestieren.

Warum etwa hat Markus Lanz sich trotz seiner Omnipräsenz im Fernsehen zu allem Überfluss noch *Wetten, dass ..?* angetan? Der TV-Talker und Showmaster war nicht so naiv zu glauben, nach der Gottschalk-Ära habe man nur auf ihn gewartet. »Ich wusste, dass ich auf eine Lichtung rausgehe, und die Typen sitzen schon da mit gespannter Flinte«, sagte Lanz im Dezember 2013 dem Magazin *Stern*. Interessant, was er im selben Gespräch über seine Kindheit in einem Südtiroler Dörfchen berichtet: »Ich hatte kein Geld, um coole Jeans zu kaufen. Wir Kinder trugen die alten Klamotten von Touristen auf. Da fühlt man sich scheiße. (...) Wenn Sie aus so Verhältnissen kommen wie ich: Da willst du raus. Ich hatte keinen Bock, für den Rest meines Lebens arm zu bleiben.«[64] Lanz' Vater verdiente als Fahrer und Sessellift-Gehilfe nicht viel. Er starb, als Markus 14 Jahre alt war. Daraufhin tingelte Lanz mit seinem Bruder als Musikduo »The W5« durch Diskotheken und Hotels und trug so zum Familieneinkommen bei.[65] Man muss den soften Moderator nicht mögen, aber Durchhaltevermögen und Ehrgeiz kann man ihm nicht absprechen. 2010 veröffentlichte er bei National Geographic ein Buch, das zum Bestseller wurde: *Grönland – meine Reisen ans Ende der Welt*. Solche Unternehmungen sind nichts für Weicheier: Lanz jagte mit Eskimos, übernachtete bei minus 40 Grad in Biwaks, überstand Schneestürme.[66] Und die Aufnahmen des »Hobbyfotografen« Lanz überzeugten die Profis von der National-Geographic-Redaktion. So entsteht der Eindruck eines wenig privilegierten Teenagers, der entschlossen ist, das Letzte aus sich und seinem Leben herauszuholen.

Auch andere Erfolgsmenschen geben sich nicht mit dem Status quo zufrieden, gieren geradezu nach mehr. Wendelin Wiedeking beispielsweise war mit 77 Millionen Euro Jahreseinkommen[67] bereits einer der bestbezahlten Topmanager weltweit und viel bewunderter Porsche-Chef, als er sich anschickte, den VW-Konzern zu entern. Der David-gegen-Goliath-Coup ging schief, Wiedeking holte sich eine blutige Nase: Er musste als CEO seinen Hut nehmen und sich unangenehme Fragen von der Staatsanwaltschaft gefallen lassen, die Marktmanipulation vermutete.[68] Wie Markus Lanz ist auch Wiedeking ein typischer Aufsteiger – jemand, der die Fesseln seines angestammten Milieus abgestreift hat und mindestens eine gesellschaftliche Klasse übersprang. Wiedeking wird in eine heile Familie im westfälischen Beckum hineingeboren, doch auch sein Vater stirbt früh. Der 15-jährige Wendelin übernimmt als Ältester die Vaterrolle für seine drei Geschwister und unterstützt seine kränkelnde Mutter. »Wendel betreut die Geschwister … besorgt die Einkäufe, kümmert sich ums Elternhaus – und wird, obwohl noch Jugendlicher, ›der Boss‹. Und das alles neben der Schule«, schreibt der Journalist Ulrich Viehöfer in seiner Biografie *Der Porsche-Chef*. Als Einziger der Familie schafft Wendelin Wiedeking es bis zum Abitur und anschließend zum promovierten Maschinenbauingenieur. Schon als Student ist er im Immobiliengeschäft erfolgreich.[69]

Wenn der Chirurgensohn Topmanager wird oder die Industriellentochter ein Unternehmen gründet, ist das wenig spektakulär. Für den Soziologen und Eliteforscher Michael Hartmann ist das der Normalfall, da sich seiner Erkenntnis nach die gesellschaftlichen Eliten selbst reproduzieren: Ihre Vertreter erkennen und schätzen sich dank eines ähnlichen Habitus und fördern sich bewusst oder unbewusst gegenseitig.[70] Wenn jemand aus kleinen Verhältnissen dasselbe erreicht, steckt dahinter ein ganz anderer Kraftakt. Ein solcher Kraftakt setzt einen starken inneren Antrieb voraus – und die Gier nach »Mehr« kann ein solcher Antrieb sein. »Stay hungry. Stay foolish«, endet die berühmte Stanford-Rede von Steve Jobs, die bei YouTube bis Anfang 2014 fast acht Millionen Menschen gesehen hatten.[71] »Hungrig«!? Nach einem Happy-go-lucky-Weg zum Erfolg, nach Ausgeglichenheit und Glück klingt das eher nicht. Es verweist vielmehr auf eine wichtige Triebfeder für

Ausnahmeerfolge: Mangel, ob gefühlt oder objektiv, kann gierig machen und Menschen befähigen, über sich selbst hinauszuwachsen. Steve Jobs als Adoptivkind einer Arbeiterfamilie wusste, wovon er redet. Insofern hat Gordon Gekko, der berüchtigte Investmentbanker aus *Wall Street*, recht, wenn er in seiner Filmsprache vor Studenten behauptet: »Gier ist gut. Gier ist richtig. Gier funktioniert. Gier schafft Klarheit. Gier hat das Beste im Menschen hervorgebracht.« Dafür gibt es übrigens ein reales Vorbild – eine Rede des Börsenmillionärs Ivan Boesky an der Berkeley Business School.[72]

Doch Gekkos Beispiel zeigt ebenso wie das von Kim Dotcom: Es hat schon seinen Grund, dass die Habgier oder Habsucht (Avaritia) zu den sieben Todsünden gezählt wird. Die Dosis macht das Gift. Stehen Sie also zu Ihren Wünschen, auch wenn vorsichtige Naturen zu Bescheidenheit mahnen oder Sie mit dem trägen Ratschlag »Sei doch mal zufrieden!« beglücken wollen. Aber achten Sie darauf, dass die Gier nicht wie ein ungezähmtes Raubtier wüten kann. Setzen Sie dem Raubtier in Ihnen Grenzen.

- **Gier ist gut**, wenn sie uns davor bewahrt, uns auf unseren Lorbeeren auszuruhen. Gier ist ein Gegengift gegen Trägheit und satte Selbstzufriedenheit.

- **Gier wird gefährlich**, wenn sie maßlos und blind für Risiken macht und wenn sie zu Grenzverletzungen und zu Missachtung elementarer menschlicher Werte verführt.

- **Gegenmittel:** Nicht alle Kritiker aus seiner Umgebung verbannen! Sich regelmäßig mit (mindestens) einem Vertrauten außerhalb der Geschäftswelt austauschen. Die eigene »rote Linie« definieren.

Zorn – Dir zeig ich's!

Auch Zorn (Wut, Rachsucht) zählt in der klassischen Theologie zu den Hauptlastern. Zorn als jähe Gefühlsaufwallung widerspricht den christlichen Idealen der Sanftmut und Mäßigung. Auf der anderen Seite kennen sowohl die Bibel als auch der Koran den gerechten Zorn Gottes.[73] Zorn ist ein schillerndes Motiv. Jäh aufflammend kann er blind machen und zu unüberlegtem Verhalten verleiten, zur Aggression ohne Rücksicht auf sich und andere. Doch wir kennen auch den stillen Ingrimm, der Menschen befähigt durchzuhalten, hartnäckig zu bleiben und mutig zu handeln. Umweltaktivisten, die in winzigen Booten Ölplattformen oder Tanker attackieren, werden aus ihrer Sicht von »gerechtem« Zorn angetrieben; ebenso Demonstranten, die im Angesicht von Gummigeschossen und Polizeiknüppeln auf eisigen Plätzen nächtelang ausharren. Und erstaunlich viele Erfolgsmenschen tragen ebenfalls einen glimmenden Zornesfunken in sich. Beispiele:

AWD-Gründer Carsten Maschmeyer beschreibt die wirtschaftliche Enge seiner Kindheit, die Mietskaserne und wie knapp das Geld war, und fährt fort: »Als Kind wurde ich in der Schule oft gehänselt. Ich war körperlich schwach, meine Mutter verpasste mir konservative Kleidung, und meine Haare wurden zu Hause ostpreußisch kurz geschnitten. Von meinen Mitschülern wurde ich belächelt, und da habe ich mir immer vorgestellt: Eines Tages will ich erfolgreich sein. Die Leute, die sich heute über mich lustig machen, werden sich noch wundern, was in mir steckt!«[74]

Exkanzler Gerhard Schröder weiß vermutlich sehr gut, was Maschmeyer meint. Gegenüber der *Frankfurter Allgemeinen Zeitung* bekannte er 2004: »Wir waren die Asozialen.« Die Schröders lebten von der Fürsorge, der Stiefvater war arbeitslos und krank. Die umgebaute Scheune, in der die Familie wohnte, sei als »Villa Wankenich« polizeibekannt gewesen. »Ich habe darunter gelitten, dass bestimmte Alterskollegen, Mädchen wie Jungs, nicht mit mir gespielt haben«, erzählte Schröder.[75] Auch ihm verlieh die Demütigung Flügel. Er kämpfte sich durch Abendschule und Jurastudium, wurde Juso-Vorsitzender und rüttelte schon damals am Zaun des Bonner Bundeskanzleramts: »Ich will da rein!«

Auch Torwartlegende Oliver Kahn kennt das zornige »Jetzt erst recht!« als wirksamen Antreiber. Seine Grundschullehrerin lachte ihn rundheraus aus, als er erklärte, aufs Gymnasium gehen zu wollen: »... wenn es später in der Schule einmal brenzlig wurde, brauchte ich nur an das schrille Lachen meiner Grundschullehrerin zu denken, schon setzte ich mich hin und lernte.«[76] Kahn schaffte es auf die weiterführende Schule, im zweiten Anlauf. Erstaunlich ist, wie lange solche Demütigungen nachwirken: Selbst Top-Performer und bekannte Persönlichkeiten zitieren Jahrzehnte später herabsetzende Äußerungen ihrer Lehrer. Auch der Starfriseur Udo Walz, der Salons rund um den Globus sein eigen nennt und zahlreiche Stars und Sternchen frisiert, erzählt noch rund 50 Jahre später, sein Geschichtslehrer habe ihm verächtlich prophezeit, zu mehr als zum Friseur werde es bei ihm wohl nicht reichen.[77] Ein solcher Stachel sitzt offenbar sehr tief. Wem es gelingt, die erlebten Verletzungen in Leistungsenergie zu verwandeln, der hat den perfekten Weg gefunden, damit aus Niederlagen neue Erfolge entstehen.

Wenn Sie schon einmal ein Seminar zum Thema Motivation besucht haben, hat man Ihnen dort wahrscheinlich die Bedeutung positiver Ziele eingebläut. »Nicht mehr rauchen« sei kein empfehlenswertes Ziel, es empfehle sich vielmehr, sich die schönen Seiten eines nikotinfreien Lebens so konkret wie möglich auszumalen: eine rauchfreie Wohnung, mehr Geld in der Tasche, neue Chancen auf dem Beziehungsmarkt... Wie vieles aus der Gebetsmühle selbst ernannter Gurus ist dies nur die halbe Wahrheit. Später mehr dazu (Teil II, 4. Ziele setzen!). Fest steht: Irgendwo *weg*zuwollen kann unter Umständen ein mindestens so starker Antreiber sein wie irgendwo *hin*zuwollen. Wenn Sie schon einmal einen Campingurlaub im Zweimannzelt bei Dauerregen verbracht haben, wissen Sie, wovon ich rede. Soziale Demütigungen wirken dabei weit stärker als schlechtes Wetter.

In seinem Buch *Macht. Wie Erfolge uns verändern* rätselt der international renommierte Psychologieprofessor Ian Robertson darüber, warum Nobelpreisträger im langjährigen Durchschnitt ein bis zwei Jahre länger leben als Menschen, die lediglich für einen Nobelpreis nominiert waren, ihn aber nicht erhalten haben. Noch gesünder als der Nobelpreis ist die höchste Ehrung im Showbusiness, der Oscar. Oscargewinner leben im Schnitt sogar vier Jahre länger als ebenso erfolgreiche, aber lediglich oscarnominierte Kollegen. Möglicherweise liegt dieser verblüffende Effekt daran, dass die Geadelten weniger Gefahr laufen, der Stressform ausgesetzt zu sein, die für Menschen die allerschlimmste ist – schlimmer noch als die Angst vor dem Tod oder die Angst vor dem Bankrott: Es ist die Angst vor sozialer Herabsetzung oder die »social-evaluative threat (SET)«, wie die US-Psychologin Sally Dickerson in einer Studie an der University of California herausfand. Dass Stress unser Immunsystem schwächt, ist mittlerweile Alltagswissen. Wer hohe soziale Anerkennung erfährt, ist also einen wesentlichen Stressfaktor los und hat bessere Chancen, gesund zu bleiben.[78] Die Verleihung eines Oscars oder eines Nobelpreises gleicht einem Bad im Drachenblut sozialer Anerkennung.

»Der Mensch ist ein Herdentier, und wir haben ein starkes Bedürfnis geerbt, von anderen Menschen akzeptiert zu werden«, so Ian Robertson.[79] Wenn dieses Bedürfnis so stark ist, dass seine Verweigerung uns buchstäblich krank machen kann (wie etwa bei Mobbing), kann es vermutlich auch unbändigen Ehrgeiz in uns entfachen – so unbändig, dass der innere Schweinehund zu einem harmlosen Schoßhündchen schrumpft und Selbstmotivation zum Kinderspiel wird. Siehe Oliver Kahn, siehe Carsten Maschmeyer, siehe Gerhard Schröder. Dazu passt, was der Soziologe Aladin El-Mafaalani in einer qualitativen Studie über Menschen herausfand, die aus Unterschichtfamilien in hohe Positionen aufstiegen: »Zwei Dinge sind es, die in allen Aufsteigerbiografien auftauchen. Erstens haben alle eine starke Irritation oder Kränkung und damit eine emotionale Krise erlebt. Und sie haben ihre Herkunft als Ursache für diese Krise gesehen. Sie sind zu der Einsicht gelangt: Meine Lebensverhältnisse bieten mir zu wenig Möglichkeiten. Ich muss mich ändern.«[80]

Bleibt die nicht weniger spannende Frage, warum soziale Demütigung den einen zu enormen Anstrengungen anspornt, manch anderen jedoch in Lethargie versinken lässt. Der Mensch ist kein eindimensionales Wesen, Anlagen und Persönlichkeitszüge spielen eine Rolle, Vorbilder oder Mentoren können den Blick für das Mögliche weiten, glückliche Fügungen den Weg ebnen. Mancher Furor angesichts erlittener Demütigungen führt in ein afghanisches Terrorcamp oder in den Jugendknast statt auf den roten Teppich des

---

- **Zorn ist gut,** weil er Flügel verleihen kann – den Mut, bisherige Grenzen zu überschreiten, und das Durchhaltevermögen, sich auf einen langen Weg zu machen. Ein glimmendes Zornesfeuer kann ein PS-starker Erfolgsmotor sein. Das ist weit besser, als die Aggression gegen sich selbst zu lenken und in Frust und Depression zu versinken.

- **Zorn wird gefährlich,** wenn er blind macht und in jähe Aggression gegen andere umschlägt. Oder wenn er innerlich vergiftet, destruktiv wird, die Lebensfreude vergällt.

- **Gegenmittel:** Sich positive Vorbilder und Verbündete suchen und vor allem: sich nicht aus der eigenen Verantwortung stehlen. Nicht jeder hat die gleichen Startchancen, aber jeder hat es selbst in der Hand, wie gut und wie schnell er vorwärts kommt.

Erfolgs. Und selbst wer nicht in ärmlichen Verhältnissen zur Welt kommt, wird möglicherweise von Zorn angetrieben. VW-Aufsichtsrat Ferdinand Piëch, dem man menschliche Kälte und Machthunger nachsagt, hatte eine freudlose, von wenig Zuwendung geprägte Kindheit. Auch litt er offenbar darunter, nicht den Namen seines berühmten Großvaters, Ferdinand Porsche, zu tragen. »Es war mein Ziel, einmal eine größere Firma zu leiten als mein Großvater«, erklärte er einmal.[81] Schaut man sich Piëchs Laufbahn an, kommt man erneut zu dem Schluss, dass Zorn über erlittene Kränkungen ein äußerst wirksamer Antreiber ist.

Neid – Das will ich auch!

Von allen dunklen Motiven hat der Neid das mieseste Image. Neid sei »die einzige Todsünde, die keinen Spaß macht«, schrieb die *Süddeutsche Zeitung* 2010.[82] Für William Shakespeare war er ein »grünäugiges Monster« (Othello), in der Bibel liefert er Kain das Motiv für den Mord an seinem Bruder Abel, als Gott Kains Opfergaben verschmäht und das Opfer Abels bevorzugt.[83] Gegenstimmen sind selten – etwa wenn Wilhelm Busch den Neid als »aufrichtigste Form der Anerkennung« lobt und darin Arthur Schopenhauer folgt.[84]

Der Kern des Neids ist der Vergleich, das zeigt schon die Geschichte von Kain und Abel. Neidisch wird, wer seine eigene Situation mit der eines anderen vergleicht und dabei zu dem Schluss kommt, dass er selbst schlechter dasteht. Dann ist es aus mit der Zufriedenheit. Dass Zufriedenheit eine höchst relative Sache ist, belegen zahlreiche Studien. Nehmen wir an, Ihr Chef bewilligt Ihnen im Jahresgespräch eine Gehaltserhöhung von 500 Euro monatlich. Das versetzt Sie in gute Stimmung, zumal Sie mit höchstens 300 Euro gerechnet haben. Fröhlich pfeifend gehen Sie in Ihr Büro zurück. Dort erfahren Sie durch einen dummen Zufall, dass der Kollege im Nachbarbüro ab sofort 700 Euro mehr bekommt. Wie sieht es jetzt mit Ihrer Laune aus? »Keeping up with the Joneses« nennt der englische Volksmund die Wurzel dieses Stimmungsumschwungs: Eigentlich ist es zweitrangig, wie groß das Auto in Ihrer Garage ist – Hauptsache, es ist mindestens so groß wie das in der Nachbargarage. Und so verdirbt Ihnen der Kerl von gegenüber mit seinem nagelneuen A8 ziemlich zuverlässig die Freude an Ihrem neuen A6, auf den Sie letzte Woche noch so stolz waren.

Dieser Effekt ist so mächtig, dass manche Menschen sogar eigene Nachteile in Kauf nehmen, um die Waffengleichheit wieder herzustellen. Daniel Zizzo und Andrew Oswald, Wirtschaftswissenschaftler an der Universität Warwick, ließen Probanden in Vierergruppen zu einem anonymen Computerglücksspiel antreten. Zwei aus der Gruppe erhielten zusätzliche Gewinnboni, was die anderen beiden Spieler an ihren eigenen Bildschirmen mitverfolgen konnten. Vor Auszahlung der Gewinne hatten die »Bonuslosen« die Möglichkeit, den Gewinn der Glücklicheren per Mausklick zu verringern – aber nur, wenn sie selbst auch auf einen Teil ihres Gewinns verzichteten. Fast zwei Drittel der Spieler machten von dieser Möglichkeit Gebrauch, obwohl sie sich selbst damit schadeten. »Unsere Experimente messen die dunkle Seite der menschlichen Natur«, so das Fazit der Wissenschaftler.[85]

Das ist die destruktive Seite des Neids, die auch »Missgunst« genannt wird. Darin steckt der Wunsch, dass es dem beneideten Gegenüber schlechter gehen möge, was zu hämischer Befriedigung führt, wenn dies tatsächlich eintritt (etwa wenn der Nachbar seinen »protzigen A8« zu Schrott fährt). Wie groß der Glaube an die Macht des Neids ist, belegen die jahrhundertealten Gerüchte, der italienische Komponist Antonio Salieri habe Mozart vergiftet, weil er ihm den größeren Erfolg neidete. Tatsächlich greift mancher zu schockierenden Maßnahmen, um die Konkurrenz auszuschalten: 1994 machte der Fall der Eiskunstläuferin Nancy Kerrigan Schlagzeilen, die während des Trainings für die US-Meisterschaften überfallen wurde. Der Täter zerschmetterte ihr mit einer Eisenstange beide Knie. Schnell stellte sich heraus, das der Ehemann ihrer Konkurrentin Tonya Harding das Attentat mit Wissen seiner Frau in Auftrag gegeben hatte: »Tonya sollte endlich einmal bekommen, was ihr zusteht!« Kerrigan (genannt »der Schwan«) war reich, schön und begabt; Harding (»das Biest«) hatte sich aus einer Unterschichtfamilie nach oben gekämpft.[86]

Auch wenn es angesichts solcher Beispiele schwer zu glauben ist: Neid hat auch eine konstruktive Seite. So berichtet Superstar Madonna, als Kind sei sie fasziniert gewesen von Barbra Streisand, einer anderen ganz Großen im Showbusiness.: »Ich wollte da hin, wo sie war. Ich neidete ihr die Stimme, das Rampenlicht, die Männer, einfach alles.« Wer weiß, ob die für ihren Perfektionismus und ihre Selbstdisziplin berüchtigte Madonna Louise Veronica Ciccone es ohne diese Triebfeder aus Bay City, Michigan, auf die großen Bühnen dieser Welt geschafft hätte? In die Wiege gelegt wurde ihr der Erfolg jedenfalls nicht: der Vater Automechaniker, die Mutter früh gestorben, insgesamt sieben Geschwister und Halbgeschwister. Eine Generation später sagt Britney Spears über Madonna: »Ich wollte genauso gefeiert und beneidet werden wie sie. Ich wusste: Ich habe das nötigte Talent und die Disziplin.«[87] Kollegen wie der Münchener Psychologe Dieter Frey sprechen daher auch von »schwarzem« und »weißem« Neid: Der dunkle ist missgünstig-zerstörerisch, der helle ist geprägt von Bewunderung und dem Wunsch, auch zu schaffen, was das bewunderte Vorbild erreicht hat. Ein starker Antreiber also.[88]

Entscheidend ist der Impuls, den der Neid auslöst: Ist es ein larmoyantes »Womit hat der das verdient?!« oder ein ehrgeiziges »Das will ich auch!«? Böse Zungen behaupten, diesseits des Atlantiks dominiere die erste Frage, was regelmäßig zu »Sozialneid« führe. Jenseits des Atlantiks dagegen würden Reichtum und Erfolg anderer vorwiegend als Ansporn gewertet. Wie dem auch sei: Entscheidend für den »weißen« Neid ist die Überzeugung, es selbst auch schaffen zu können. Wer diese Überzeugung teilt, sieht in jeman-

- **Neid ist gut,** weil er unsere Aufmerksamkeit auf außergewöhnliche Erfolge richtet und weil er uns inspirieren kann, »groß« zu denken. Eifert man dem Beneideten nach, ist Neid ein wirksamer Motivator. Aus Neid entsteht Kraft.

- **Neid wird gefährlich,** wenn er in Missgunst umschlägt. Missgunst entsteht, wenn wir überzeugt sind, das Beneidete selbst nicht erreichen zu können.

- **Gegenmittel:** Selbstreflexion: Wen beneiden Sie – und warum? »Schwarzen« Neid als Hinweis auf verborgene Wünsche erkennen und sich diesen Wünschen stellen. Sich fragen »Was kann ich tun?« und nicht »Warum der und nicht ich?!«. Nicht übersehen, welchen Preis der Beneidete für seinen Erfolg gezahlt hat. Denn: Mitleid bekommen Sie bekanntermaßen geschenkt, Neid müssen Sie sich verdienen.

dem, der (schon) mehr erreicht hat, einen Beleg für seine optimistische Grundhaltung. Wer daran zweifelt, sieht in derselben beneideten Person einen Beleg für die Ungerechtigkeit dieser Welt. Insofern ist es bedenklich, wenn immer weniger Menschen hierzulande daran glauben, durch Leistung sei ein gesellschaftlicher Aufstieg möglich. Nach einer Umfrage des Instituts für Demoskopie in Allensbach aus dem Herbst 2012 ist nur jeder vierte Deutsche unter 30 Jahren überzeugt, dass sich Anstrengung in der Regel lohnt, während das in Schweden mit 70 Prozent immerhin fast drei Mal so viele Menschen glauben.[89] Ob ein dunkles Motiv als Antreiber funktioniert, hat also etwas mit dem zu tun, was Psychologen »Selbstwirksamkeit« nennen – den Glauben, sein Schicksal selbst in der Hand zu haben. Wenn der Berliner Sternekoch Tim Raue sagt: »Die Frage ist nicht, wo du herkommst, sondern wie du das nutzt, was Gott dir gegeben hat«, spricht daraus eine hohe Selbstwirksamkeitserwartung. Raue hatte eine düstere Kindheit, sein Vater habe ihn oft geprügelt »bis zu Bewusstlosigkeit«. Heute führt er ein Gourmetrestaurant in Berlin-Kreuzberg und hat 2013 ein zweites eröffnet.[90]

Selbstsucht – So what, I'm God!

Stellen Sie sich vor, Sie sind der reichste Mensch der Welt und verdienen rund eine Million. Pro Tag. Dann wird einer Ihrer Enkel (oder eines Ihrer Kinder) entführt. Die Entführer fordern 17 Millionen Lösegeld, also ein knappes Monatseinkommen, von Ihnen. Was tun Sie? Was für Sie vermutlich gar keine Frage ist, ist für andere Zeitgenossen durchaus nicht selbstverständlich.

John Paul Getty senior beispielsweise blieb hart und weigerte sich zu zahlen, als die kalabrische Mafia seinen Enkel John Paul Getty III 1973 in Rom entführte. Seine Begründung: »Ich habe 14 Enkelkinder. Wenn ich jetzt auch nur einen Penny zahle, werde ich bald 14 entführte Enkel haben.« Großvater Getty, der es mit Öl zum Milliardär gebracht hatte, ließ sich erst erweichen, als die Entführer dem Teenager ein Ohr abschnitten und es an die Familie schickten. Zuvor hatte er die Entführer bereits durch seine monatelange (!) Weigerung auf den Schnäppchenpreis von 3 Millionen Dollar heruntergehandelt. Das gezahlte Geld verlangte er übrigens von seinem Sohn zurück und berechnete ihm für dieses »Darlehen« 4 Prozent Zinsen.[91] Vor diesem Hintergrund ist es mehr als nachvollziehbar, dass auch »Völlerei« (Gula) zu den sieben Hauptlastern gezählt wird. Die uns interessierende »Selbstsucht« ist eine der Spielarten der Maßlosigkeit.

Auch andere Superreiche glänzen durch Egoismus. Georgina (Gina) Rinehart, australische Minenbesitzerin und eine der reichsten Frauen der Welt, erbte 1992 von ihrem Vater etwa 75 Millionen Dollar und erwies sich als clevere Geschäftsfrau. 2013 wurde ihr Vermögen auf 17 Milliarden US-Dollar geschätzt. Die *Frankfurter Allgemeine Zeitung* überschrieb ein Rinehard-Porträt mit »Die Eisenharte«: Ihr Auftreten rechtfertige es, sie als »Bulldozer« zu bezeichnen. Mrs. Rinehart ist nahezu mit ihrer gesamten Familie verkracht und führt zahlreiche Prozesse um Geld und Vermögen. Darin geht es beispielsweise um Zahlungen für die aufwendigen Sicherheitsmaßnahmen zum Schutz der Enkel vor Entführungen. Auch Granny Rinehart lässt das kalt.[92] Ihr Ruf ist mittlerweile legendär: Die Facebook-Seite »Fuck Gina Rinehart« zählte im Januar 2014 knapp 39 000 Likes, während ihre eigene Seite es gerade einmal auf 912 Likes brachte.

Hartherzige Reiche sind ein Standardmotiv in der Weltliteratur, vom Geizhals Ebenezer Scrooge bei Charles Dickens (*A Christmas Carol*) über den »Selbstsüchtigen Riesen« bei Oscar Wilde bis zum Earl von Dorincourt in der herzerwärmenden Geschichte vom *Kleinen Lord*, die alljährlich in der Vorweihnachtszeit über die Bildschirme flimmert.[93] Passend zur Adventszeit kommt es zur Läuterung und zum Happy End, auf das man in der rauen Wirklichkeit oft vergeblich wartet. Wozu also sollte Selbstsucht gut sein?

Die Selbstsucht der Mutter Teresa

Im Jahre 2003, nur sechs Jahre nach ihrem Tod, wurde die katholische Ordensschwester Mutter Teresa seliggesprochen.1999 hatte Papst Johannes Paul II. das bis dahin kürzeste Seligsprechungsverfahren der Neuzeit eingeleitet. Er würdigte damit das außergewöhnliche Engagement einer Frau, die ihr Leben in Kalkutta den Ärmsten der Armen widmete und 1979 bereits mit dem Friedensnobelpreis geehrt worden war. Ihr Name steht heute schon fast sprichwörtlich für Selbstlosigkeit. Aber stimmt das überhaupt? »Je mehr du gibst, desto mehr empfängst du«, sagte die katholische Or-

densschwester einmal, und: »Mehr als 40 Jahre war die Liebe zu den Hilflo-
sen und Sterbenden meine größte Freude.« Selbstlosigkeit zahlt sich also
durchaus aus, zwar nicht in Heller und Pfennig, aber in Dankbarkeit, Bewunderung, Lebenssinn. »Die schlimmste Armut ist Einsamkeit und das
Gefühl, unbeachtet und unerwünscht zu sein«, lautet ein anderes Zitat der
Ordensfrau.[94] So gesehen war Mutter Teresa steinreich.

Anders gefragt: Welche Gefahren birgt Selbst*losigkeit*? Zumindest
ist sie außerhalb der Welt missionarischer Organisationen keine
Eintrittskarte für Erfolg. Wer vorwiegend an andere denkt und
kaum an sich selbst, wer nicht Nein sagen kann und jedes Ansin-
nen anderer akzeptiert, bleibt selbst sehr wahrscheinlich auf der
Strecke. Everybody's darling ist everybody's Depp. Das klingt banal
und entspricht dennoch der Lebenswirklichkeit vieler »guter Ab-
teilungsseelen«, die bei Beförderungen regelmäßig übersehen werden, weil sie zuverlässig den Kleinkram erledigen, den andere bei
ihnen abladen. Es treibt zahlreiche Menschen an die Burn-out-
Grenze – und darüber hinaus –, weil sie vor lauter Erfüllung der
Ansprüche von Chefs, Ehepartnern, Kindern, eigenen Eltern, Ver-
einskollegen etc. ihre eigenen Bedürfnisse gar nicht mehr wahrnehmen. Ein gewisses Maß an »Selbstsucht« tut uns gut. Und ein
noch größeres Maß an Selbstsucht ist erforderlich, wenn man Großes erreichen will: die Selbstsucht, seine eigenen Interessen zumindest zeitweise den Interessen anderer überzuordnen. Die
Selbstsucht, seine Zeit überwiegend dem Ziel zu widmen, dem
man sich verschrieben hat. Die Selbstsucht, die darin liegt, im
Wettbewerb mit anderen siegen zu wollen und deren Unterliegen
nicht nur billigend in Kauf zu nehmen, sondern aktiv herbeizuführen. Priscilla Chan, langjährige Freundin und seit 2012 Ehefrau von
Facebook-Gründer Mark Zuckerberg, wird schon wissen, warum
sie sich im Ehevertrag eine gemeinsame Nacht pro Woche und mindestens 100 Minuten gemeinsame »Quality Time« zusichern ließ.[95]
Wer einen Spitzensportler heiratet, erwartet schließlich auch

nicht, dass er ab sofort mehr Zeit auf dem heimischen Sofa als auf dem Trainingsplatz verbringt.

Auch wenn John Paul Getty oder Gina Rinehart eher abschreckende Vorbilder sind: Der Verdacht liegt nahe, dass ihr außergewöhnlicher Erfolg nicht zuletzt auf das Konto ihrer bedingungslosen Fokussierung der eigenen (in diesem Fall monetären) Interessen geht. Was Außenstehende befremdet, machte beide gleichzeitig erfolgreich. Ob sie das zu glücklichen Menschen macht, steht auf einem anderen Blatt. Top-Performer sind fast zwangsläufig Egoisten, im schlimmsten Fall Egomanen. Nur wer die eigenen Interessen ganz weit nach vorne schiebt, kann es bis ganz nach oben schaffen. »Dauerhafter beruflicher Erfolg ist ohne ein starkes Ego überhaupt nicht möglich«, unterstreichen Dorothea Assig und Dorothee Echter, beide bekannte Coaches für Topmanager und Vorstände.[96] Gefährlich wird es, wenn aus Selbstbewusstsein ungehemmte Selbstbezogenheit – Selbstsucht ohne jedes Korrektiv – wird. Doch dahinter steckt häufig ein in Wirklichkeit schwaches

- **Selbstsucht ist gut,** weil sie uns auf Kurs hält und verhindert, dass wir Dinge tun, nur um anderen zu gefallen. Selbstsucht ist ein Mittel gegen das Sichverbiegen aus Gefälligkeit. Selbstsucht verhindert, dass wir von anderen »gelebt werden«.

- **Selbstsucht wird gefährlich,** wenn sie über Leichen gehen lässt, einsam macht und verbittert.

- **Gegenmittel:** Regelmäßig die Freuden der Großzügigkeit erleben. Sich klarmachen, wer ist mir wichtig im Leben und wo kann/möchte ich Kompromisse eingehen? Widerspruch ertragen. Die Notbremse ziehen, wenn Sie Zynismus und Menschenscheu entwickeln.

Ego, das durch Größenwahn kompensiert wird. »Ich hielt mich für so groß, dass ich glaubte, Gott wäre neidisch auf mich«, bekannte der frühere Boxweltmeister im Schwergewicht Mike Tyson in seiner Autobiografie.[97] Drogenexzesse, Orgien, verprasste Millionen, schließlich sogar drei Jahre Haft wegen Vergewaltigung waren die Folge. Der Grat zwischen akzeptabler, erfolgsfördernder Selbstsucht und (selbst)zerstörerischer Selbstbezogenheit ist schmal.

Skrupellosigkeit – Erfolg um jeden Preis

Mehmet E. Göker, 1979 geborener Sohn eines Kasseler Schuhmachermeisters, ist mit 25 Jahren Millionär. Der Vertrieb privater Krankenversicherungen hat ihn reich gemacht und wird ihn noch reicher machen. Zuletzt beschäftigt Göker weit über 1 000 Mitarbeiter, denen er anhand von Notenbündeln schon mal zeigt, wie eine Million aussieht, um anschließend eigenhändig signierte 500-Euro-Scheine zu verteilen.[98] Doch 2009 wird das Insolvenzverfahren gegen die MEG AG eröffnet. Göker muss sich Ermittlungen wegen »Untreue, Insolvenzverschleppung und unlauterem Wettbewerb« stellen. »Vom Ferrari-Sitz auf die Anklagebank«, heißt es süffisant in einem abendfüllenden Kinofilm, den der Filmemacher Klaus Stern über Gökers Aufstieg und Fall drehte. Titel: *Versicherungsvertreter. Die erstaunliche Karriere des Mehmet E. Göker*. Auch dem hessischen Rundfunk ist Göker ein ausführliches Porträt wert. Überschrift: »System Größenwahn.«[99]

Die meisten Menschen erwarten, ein derart krachend Gescheiterter ginge fortan in Sack und Asche oder jagte sich standesgemäß am Mahagonischreibtisch eine Kugel in den Kopf. Doch Mehmet Göker lacht über 20 Millionen Euro private Schulden nur. Er residiert inzwischen an der türkischen Küste und macht mit der »Göker Consulting Group« wieder Geschäfte. Offiziell gehört dieses Unternehmen seiner Mutter. Im Film von Klaus Stern genießt er die Sonne in seinem privaten Pool mit eingefliestem Firmenlogo. Über sich selbst sagt er »Ich bin krank, positiv krank.« Man glaubt ihm das aufs Wort, wenn man liest, was er einst an seine MEG-Mitarbeiter schrieb: »Das Leben ist ein Kampf. Stolz, Ruhm und Ehre sind mehr als nur Worte ... Ich nehme den Kampf an, jeden Tag!!! Also sei laut, schreie, Umsatz verändert dein Leben, Umsatz verbessert dein Leben, lass Umsatz zu deiner Sucht werden.«[100]

Szenenwechsel: Investor und Multimilliardär Nicolas Berggruen wurde 2010 als »Retter von Karstadt« wie ein Heilsbringer empfangen. Minister ließen sich mit ihm fotografieren, Mitarbeiter verzichteten auf 150 Millionen Euro Gehalt, selbst Gewerkschafter waren angetan. Ein Kunstsammler mit »emotionaler Bindung an Berlin« investiert großzügig in ein Traditionsunternehmen, so die Mär. Drei Jahre später war der Katzenjammer groß. Berggruen hatte keins seiner Versprechen gehalten, weder das, eigenes Geld zu investieren, noch das, keine Mitarbeiter zu entlassen, und auch nicht die Zusage, keine Filetstücke des Unternehmens zu verkaufen. Die *Frankfurter Allgemeine Zeitung* rechnete im Dezember 2013 vor, wie lukrativ das Karstadt-Geschäft für Berggruen war: Er habe kein eigenes Geld in den Konzern gesteckt, aber Millionen an Lizenzgebühren für die Nutzung des Konzernnamens erhalten, da er daran die Rechte erworben habe. Der Verkauf der Sporthäuser, des Kadewe in Berlin, des Münchener Oberpollinger und des Alsterhauses in Hamburg habe 300 Millionen in die Kasse gespült. Davon »könnte dank zahlreicher Überkreuzbeteiligungen letztlich ein Gutteil auf Berggruens Konto landen«. Auch hier weder Skrupel noch ein schlechtes Gewissen: Auf Vorwürfe zuckt »der schöne Blender« (*F.A.Z.*) die Achseln: »Ich habe nicht gewusst, wie krank Karstadt war«.[101]

»Trägheit des Herzens« zählt (wie Faulheit, Feigheit oder Ignoranz) zur Todsünde Acedia. Was unterscheidet Berggruen von Göker – außer dass der Erste ein noch größeres Rad dreht und ein Heer cleverer Anwälte beschäftigt, das schon im Vorfeld darauf achtet, dass alles seinen juristisch korrekten Gang geht? Der britische Psychologe und Oxfordprofessor Kevin Dutton würde Berggruen vermutlich zur Gruppe der »funktionalen Psychopathen« zählen: charmant, manipulativ, durchsetzungsstark und ohne große Verantwortungs- oder gar Schuldgefühle.

Die Psychopathen in unserer Mitte

»Raubtiere ohne Kette« nannte der *Spiegel* im Frühjahr 2013 psychopathische Zeitgenossen, die nicht hinter Gittern, sondern mitten unter uns leben.[102] Schätzungen zufolge weist ein Prozent der Bevölkerung psychopathische Züge auf. Kennzeichnend für Psychopathen sind ihre Furchtlosigkeit und Kaltblütigkeit. Misserfolge stecken sie locker weg, ohne Verantwortung zu übernehmen. »Ein normaler Mensch würde sich in der Toilette einschließen und kotzen, wenn er gerade eine Milliarde versemmelt hätte. Der Psychopath geht unverdrossen nach Hause und denkt nicht mehr daran«, sagt Kevin Dutton, der ein Buch darüber verfasst hat.[103] Psychopathen fehlt es an Empathie, sie sind unfähig zu tieferen Gefühlen oder Mitgefühl. Sie sind unerschütterlich selbstbewusst, charmant und einnehmend und verstehen es, ihre Mitmenschen zu manipulieren. Glaubt man Psychologen wie Kevin Dutton oder Robert Hare, besteht der Unterschied zwischen einem Serienmörder und einem risikofreudigen Börsenhandler oder Topmanager vor allem darin, dass die »funktionalen«, nichtkriminellen Psychopathen dank ihrer Intelligenz ihre Impulse besser im Griff haben. »Je intelligenter jemand ist, umso höher ist auch seine Selbstdisziplin«, so Dutton[104]. Furchtlosigkeit, Rücksichtslosigkeit, Charisma, unerschütterliches Selbstbewusstsein, die Fähigkeit, andere Menschen zu blenden und zu manipulieren – kein Wunder, dass es viele Psychopathen weit bringen. Die meisten Psychopathen tummeln sich in den Chefetagen (CEOs), auch unter Anwälten, Journalisten und Verkäufern sind sie überproportional vertreten. »Bekäme ich meine Probanden nicht kostenlos aus dem Gefängnis, würde ich mich einfach an der Börse umsehen«, so Robert Hare, emeritierter Professor der University of British Columbia.[105]

Die britischen Psychologinnen Belinda Board und Katarina Fritzon fanden in einer Studie zu den Persönlichkeitsmerkmalen hochrangiger Manager viele Profile, die denen der Insassen von Hochsicherheitstrakten glichen. Und der US-Psychologe Scott Lilienfeld erhob mithilfe von einschlägigen Präsidentschaftskennern die Profile der US-Präsidenten. Die Spitzenplätze seines »Psychopathic Personality Inventory« belegten John F. Kennedy und Bill Clinton.[106] Wenn Sie an Kennedys kaltblütiges Pokern während der Kuba-Krise oder Clintons treuherzige Lüge in Sachen Praktikantinnen-Sex denken, ist das möglicherweise nicht mehr ganz so überraschend. Beneidenswert! Beneidenswert?? Doch eines haben Psychopathen mit Sicherheit nicht: ein Motivationsproblem. Dazu sind sie viel zu sehr von ihrer eigenen Großartigkeit überzeugt.

Die prominenten Beispiele erschweren es, psychopathische Persönlichkeitszüge einfach als bedauerlichen Irrweg der Evolution abzuhaken. Hat womöglich auch Skrupellosigkeit ihren Sinn? Ins Grübeln kommt, wer sich die Liste der Berufe anschaut, in denen sich die *wenigsten* Psychopathen tummeln:

1. Pfleger
2. Krankenschwester
3. Therapeut
4. Handwerker
5. Kosmetikerin/Stylistin
6. Mitarbeiter von Wohltätigkeitsorganisationen
7. Lehrer
8. Kulturschaffender
9. Arzt
10. Buchhalter[107]

Stellen Sie sich bitte einen Moment vor, die Regierung läge in den Händen der letzten Krankenschwester, die Sie kennengelernt haben, Ihr Klempner wäre durch eine Kapriole des Schicksals plötzlich VW-Vorstand, und die Klassenlehrerin Ihres Grundschulkindes säße an der Spitze der Bundesbank. Möglicherweise wird Ihnen gerade etwas mulmig. Auch Dutton lädt zu verschiedenen Gedankenspielen ein, etwa dem »Straßenbahn-Dilemma«, das Moralphilosophen schon seit den Siebzigerjahren beschäftigt. Die Story in Kurzfassung:

Eine Straßenbahn ist außer Kontrolle geraten und rast auf fünf Menschen zu. Sie stehen hinter einem sehr großen, sehr dicken Fremden auf einer Brücke über den Gleisen. Die einzige Möglichkeit, die fünf Menschen zu retten, ist, den Fremden von der Brücke zu stoßen, damit sein Körper die Straßenbahn aufhält. Was tun Sie?

In Studien weigern sich rund 90 Prozent der Menschen, ein Leben zu opfern, um fünf zu retten. Die restlichen 10 Prozent teilen die Kaltblütigkeit der Psychopathen – sie würden keinen Wimperschlag zögern und zustoßen.[108] Von hier ist es nur ein kleiner Schritt zum Scharfschützen, der den Geiselnehmer im Visier hat und mit einem gezielten Schuss verhindern kann, dass der eine Handgranate zündet und Geiseln mit in den Tod reißt. Würde der auf der Straßenbahnbrücke lange überlegen? Was ist mit Bundeskanzler Helmut Schmidt, der sich im Herbst 1977 weigerte, die Forderungen der RAF zu erfüllen, um weiteren Entführungen vorzubeugen? Damit besiegelte er das Schicksal des damaligen Arbeitgeberpräsidenten Hanns Martin Schleyer, der von den Terroristen ermordet wurde. Was unterscheidet das Verhalten Schmidts, der heute als Elder Statesman verehrt wird, vom Verhalten John Paul Gettys? Von Getty erwarten wir »mehr Gefühl«, weil ein Familienmitglied betroffen war. Bei Schmidt sind wir möglicherweise froh darüber, dass er sich nicht von Gefühlen leiten ließ.

Jede Gesellschaft braucht kaltblütige Menschen, die sich zumindest phasenweise von ihren Gefühlen abspalten können. Dutton nennt als Beispiel den Gehirnchirurgen, der im Moment der Operation den Patienten völlig emotionslos wie ein Werkstück betrachtet. Wenn durch diese Eiseskälte seine Hand nicht zittert, soll mir

- **Skrupellosigkeit ist gut,** wenn sie Menschen befähigt, Risiken und emotional belastende Situationen auszuhalten und notwendige Entscheidungen zu treffen.

- **Skrupellosigkeit wird gefährlich,** wenn sie ohne jedes Korrektiv bleibt und in kriminelle und menschenverachtende Machenschaften abgleitet.

- **Gegenmittel:** Schaffen Sie sich ein Umfeld, dass Sie vor sich selber schützt. Vermeiden Sie es, sich nur noch mit kritiklosen Bewunderern zu umgeben. Suchen Sie sich professionelle Hilfe, wenn Sie beginnen, große Sympathien für die Gekkos und Gökers dieser Welt zu hegen.

das recht sein – er ist mir jedenfalls lieber als ein empathischer Arzt, der sich in den Suff flüchtet. Was uns an Psychopathen (oder Normalos mit psychopathischen Persönlichkeitszügen) abstößt, ist ihr Mangel an Empathie in Kombination mit Intelligenz, Charme, Überzeugungskraft, Tatendrang. Aber wie viel Empathie kann sich ein Großinvestor leisten, wenn er erfolgreich sein will? Wie viel ein Unternehmer, der Arbeitsplätze abbauen muss, wenn er seine Firma retten will? Wie viel ein Jurist, der sich nicht vom Mitleid mit den Opfern, sondern von Fakten und Paragrafen leiten lassen muss?

Was Steve Jobs und James Bond gemeinsam haben

Manch großer Erfolg beginnt mit einem Sündenfall. Apple-Gründer Steve Jobs wird von Apple-Fans rund um den Globus fast wie ein Heiliger verehrt. Die Geschichte von Apple nimmt ihren Anfang tatsächlich in einer Garage, in der Steve Jobs und sein Freund Steve Wozniak 1976 an einem Computerprototypen basteln.

Später wird Wozniak erfahren, dass ihn sein bester Freund bereits zu dieser Zeit übers Ohr gehauen hat: Für einen gemeinsamen Auftrag der Firma Atari kassierte Jobs angeblich 600 Dollar. Er teilte dieses Honorar wie zuvor vereinbart mit Wozniak. Später stellte sich heraus, dass Atari in Wahrheit 1000 Dollar gezahlt hatte.[109]

»Wer sagt denn, dass Mozart ein guter Mensch war?«, gibt die frühere Pixar-Vizepräsidentin und Geschäftspartnerin von Jobs, Pam Kerwin, zu bedenken.[110] Ein »guter Mensch« im traditionellen Sinne war Steve Jobs wohl kaum: Er leugnete lange die Vaterschaft seines ersten Kindes und ließ Exfreundin und Tochter von der Sozialhilfe leben, obwohl er bereits Millionen verdiente. Seine Wutausbrüche waren bei Apple gefürchtet; mit ihm in einen Fahrstuhl zu steigen bedeutete ein Risiko. Es konnte sein, dass man beim Aussteigen seinen Job los war, wenn man auf eine Frage die falsche Antwort gegeben hatte. Deshalb benutzten Mitarbeiter lieber die Treppe. Einen leitenden Manager warf Jobs raus, nur weil der es gewagt hatte, im Meeting aufzustehen und in einer Flipchart-Skizze des »iGod« eine Winzigkeit zu ergänzen.[111]

»Steve Jobs gilt als diabolisch, als Soziopath, und er hat diesen Ruf zu Recht«, schrieb der *Spiegel* im April 2010.[112] In diesem Punkt kann Jobs einem anderen berühmten Zeitgenossen die Hand reichen: James Bond. Der Agent Ihrer Majestät hat die Lizenz zum Töten und er nutzt sie, ohne zu zögern. Ob es bei seinen Verfolgungsjagden Kollateralschäden gibt, interessiert ihn nicht. Mit Charme gewinnt er jedes Bond Girl, und wenn die Dame ihr Leben aushaucht, blinzelt er kurz und hält nach der nächsten Ausschau. Zumindest, bis Daniel Craig auf den Plan trat. Aber ist der überhaupt noch ein richtiger 007?

Nur dank absoluter Skrupellosigkeit und Kaltblütigkeit kann ein Geheimagent einwandfrei funktionieren. Und nur dank seiner dunklen Seiten konnte Steve Jobs Apple möglicherweise zu dem machen, was es zuletzt war.

Wollust – The Winner takes them all!

Auf Fotos hat der französische Präsident François Hollande ungefähr die erotische Ausstrahlung des Chefbuchhalters einer schwäbischen Schraubenfabrik. Kein Wunder, dass das Erstaunen groß
war, als Papparazzi Anfang 2014 einer Affäre des Staatschefs mit
einer der attraktivsten Schauspielerinnen Frankreichs, Julie Gayet,
auf die Spur kamen. Fotos zeigten den biederen Politiker mit dem
Motorrad auf dem Weg zum Rendezvous. Hollande habe vor Jahren selbstironisch gesagt, in Liebesdingen ergehe es ihm »wie im
Englischunterricht: Er sitze in der B-Klasse fest«, so der *Spiegel* in
einem Gespräch mit der französischen Publizistin Raphaëlle Bacqué.[113] Spätestens mit der Eroberung von Madame Gayet (schön,
blond und 18 Jahre jünger) dürfte Hollande in der A-Klasse angekommen sein.

Nun will ich nicht behaupten, Hollande sei ausschließlich deswegen in die Politik gegangen, um endlich die attraktivsten Mädels
abzuschleppen, dazu müsste ich ihn etwas näher kennen… Doch
selbst Hermann Hesse, Nobelpreisträger und lebenslanger Sinnsu-
cher, war am Ende überzeugt: »Man tut das meiste im Leben, auch
wenn man andere Gründe vorschützt, der Frauen wegen.«[114] Psychologen würden zustimmen, denn sexuelle Deprivation ist ein ide-
aler Antreiber. Sie beflügelt Klassenclowns zu Höchstleistungen,
lässt Manta-Fahrer mit dem Gaspedal spielen und spornt männli-
che Mauerblümchen zu ehrgeizigen Taten an:

Perfekt auf den Punkt bringen das Die Ärzte in ihrer Schlager-
Parodie »Zu spät« von 1984. Darin verkündet der abservierte Ex-
freund, der gegen einen Rivalen mit mehr Kohle ausgetauscht
wurde:

> »…doch eines Tages werd ich mich rächen.
> Ich werd die Herzen aller Mädchen brechen.
> Dann bin ich ein Star, der in der Zeitung steht,
> und dann tut es dir leid, doch dann ist es zu spät«.[115]

Für den Vater der Psychoanalyse, Sigmund Freud, waren Leistungen auf anderen Gebieten Ausdruck einer Sublimierung des übermächtigen Sexualtriebs. Salopp gesagt: Wer bei den Frauen kein Glück hat, setzt vielleicht alles daran, die Nummer eins zu werden – im Sport, im Unternehmen oder in der Politik. Und das wirkt tatsächlich. »Macht ist das stärkste Aphrodisiakum«, wusste schon Henry Kissinger, und John F. Kennedy oder Bill Clinton dürften heftig nicken, ebenso Donald Trump, Nicolas Sarkozy oder auch Formel-1-Chef Bernie Ecclestone (1,58 m), der 2012 mit 81 die 46 Jahre jüngere und bildschöne Fabiana Flosi (1,78 m) ehelichte. Wer oben angekommen ist, braucht weder volles Haar noch Gardemaß. Doch im Kern geht es nicht allein um Macht und Einfluss, sondern um Status generell. Wer aus einer Gruppe herausragt, gewinnt an sexueller Anziehungskraft. Der abgerockteste Punk, der kompromissloseste Terrorist, der radikalste Ökofreak sind interessanter als die blassen Mitläufer in ihrem Dunstkreis. Deshalb liefen schon in der Schule die Mädels dem Sitzenbleiber mit der Lederjacke und dem Moped nach und nicht dem netten Jungen von nebenan. Und deswegen opfern Frauen wie Sofja Tolstaja, Vera Nabokowa oder Anna Dostojewskaja sich bedingungslos für ihre berühmten Schriftstellergatten auf – selbst wenn diese (wie im Falle Dostojewskis) ihre gesamte Mitgift verspielen oder wie Tolstoj ankündigen, »keine Affären in unserem Dorf zu haben, abgesehen von seltenen Gelegenheiten, die ich weder suchen noch verhindern werde«.[116] Auch Musiker haben Schlag bei Frauen: So zitieren die Dire Straits in »Money for Nothing« frustrierte Durchschnittsmänner:

> »That's the way you do it
> You play the guitar on the MTV
> That ain't workin'/ that's the way you do it
> Money for nothin' and chicks for free.«[117]

Song-Fazit: Hätte man nur Gitarre oder Drums gelernt, um ebenfalls Bräute (chicks) abzuschleppen…

Ein Ministerpräsident feiert Sexpartys mit Frauen, die seine Enkelinnen sein könnten, und findet gar nichts dabei, dass das von der Boulevardpresse in die Öffentlichkeit gezerrt wird, im Gegenteil: Ihm scheint das als Beweis seiner Virilität sogar ganz recht zu sein. Die Welt schaute amüsiert bis fassungslos zu, als Silvio Berlusconi den allgemeinen Wortschatz 2010 um die Wendung »Bunga bunga« bereicherte. Wem es gelingt, seine sexuelle Energie auf andere Gebiete umzulenken, sich auf seine Stärken zu besinnen und mit Verve seine Ziele zu verfolgen, kann Erstaunliches erreichen. Drei Mal dürfen Sie raten, warum ich als Jugendlicher wie besessen zaubern geübt habe und mich so zu einem ganz passablen Zauberer entwickelt habe … Missglückt diese Kanalisierung – oder brechen angesichts zahlreicher Avancen irgendwann alle Dämme –, sind Promiskuität, Zügellosigkeit oder auch eine Scheidung nach der anderen die Folge, von Bunga bunga über Strauss-Kahn bis Lothar Matthäus. Oder ein biederer CDU-Ministerpräsident verlässt Ehefrau und Kind, heiratet eine attraktive junge PR-Beraterin und lässt sich auf zweifelhafte Geldgeschenke und Kredite

● **Wollust ist gut,** sofern wir sie im Großen und Ganzen beherrschen können. Die Sublimierung sexueller Wünsche ist ein starker Leistungsantrieb, der uns sehr erfolgreich machen kann.

● **Wollust wird gefährlich,** wenn sie uns beherrscht statt wir sie. Sie kann dann unsere Urteilsfähigkeit schwächen und uns zu unüberlegtem, gefährlichem Handeln veranlassen.

● **Gegenmittel:** Kanalisieren Sie Ihre Energie, suchen Sie sich andere Spielfelder. Nehmen Sie professionelle Hilfe in Anspruch, wenn Sie merken, dass Ihnen das misslingt.

ein, um ihr den Lebensstil der Reichen und Schönen zu bieten. Sexuelle Motive vernebeln das Gehirn. Tragisch für Christian Wulff, wenn dann irgendwann das Amt des Bundespräsidenten weg ist. Und kurz danach erwartungsgemäß die schöne junge Ehefrau auch.

Da verwundert es nicht, dass die katholische Kirche Wollust als eines der Hauptlaster brandmarkt. Angesichts mancher barocker (und neuerer) Kirchenbauten ist es allerdings ein bisschen erstaunlich, dass unter dem Stichwort »Luxuria« auch Genusssucht und Ausschweifung jeder Art verdammt werden ...

Arroganz – Eure Armut kotzt mich an!

In einer Folge der US-Kultserie *Dr. House* fragt seine Mitarbeiterin Allison Cameron rhetorisch: »Sind wir Ärzte geworden, um Patienten zu behandeln?« Darauf House ungerührt: »Nein, um Krankheiten zu behandeln. Die Patienten vermiesen den meisten Ärzten auf der Welt das Leben.« House ist ein genialer Diagnostiker und ein Ausbund an Arroganz. Statements wie »Mich interessiert nicht, wessen Schuld es ist, vor allem nicht, wenn es meine eigene ist!« gehen ihm leicht über die Lippen.[118] Mürrisch, unberechenbar und egozentrisch hält sich der Misanthrop die anderen von Leib. Während es für viele Menschen wichtig ist, gemocht zu werden, pfeift House darauf. Maßgeblich ist sein eigenes Wertesystem, das der anderen interessiert ihn nicht. Dafür bewahrt er sich seinen analytischen Blick, der *House*-Folgen sogar zum preisgekrönten Vorlesungsinhalt für Medizinstudenten werden ließ.[119]

Das Laster der Superbia wird mit »Hochmut« oder »Stolz« übersetzt; heutzutage sprechen wir eher von Arroganz. Die leitet der *Duden* aus dem lateinischen »arrogare« – »(Fremdes) für sich beanspruchen«, »sich anmaßen« – ab.[120] Wer arrogant ist, maßt sich an, dass sein Urteil und seine Meinung, vielleicht auch seine Bedürfnisse mehr zählen als die der anderen. Insofern ist Arroganz auf den Chefetagen nicht selten.

Die Arroganz der Mächtigen oder »Nordkorea minus Arbeitslager«

Im Sommer 2013 widmete der *Spiegel* dem VW-Konzern eine Titelgeschichte unter der Überschrift »Wolfsburger Weltreich«. Vorstandsvorsitzender Martin Winterkorn ließ von den Redakteuren Dietmar Hawranek und Dirk Kurbjuweit dazu einige Zeit lang begleiten. Ihr Fazit: Winterkorns Auftreten gegenüber Technikern, aber auch leitenden Managern des Konzerns schaffe eine Atmosphäre von »Nordkorea minus Arbeitslager«. Winterkorn sei »einer der letzten Diktatoren« in einer Zeit, in der sich fast alle Lebensbereiche demokratisiert hätten. Der Automanager lässt Techniker oder auch Führungskräfte strammstehen und duldet keinen Widerspruch. »Ich nehme das mit« sei im Konzern der »Standardspruch der Unterwerfung«. Dazu passt, dass Winterkorn seine Untertanen nach Belieben duzt, während sein Gegenüber mit »Herr Doktor Winterkorn« antwortet.

Winterkorn will all das so. Er selbst erzählt die Anekdote von der Feier zu seinem 65. Geburtstag. In einer Videoschaltung nahm er weltweite Geburtstagsständchen entgegen, von China bis Brasilien. Mit seinem Dankeschön habe er die Ankündigung verbunden, die Werke bald mal wieder zu besuchen. Darauf stand den Mitarbeitern die Angst vor dieser Visite deutlich ins Gesicht geschrieben. Seine Frau, die neben ihm stand, sah das und fragte: »Sag mal, Schatz, was treibst du denn hier?« Winterkorn ist übrigens ein klassischer Aufsteiger: Seine Eltern wurden 1945 aus Ungarn vertrieben, sein Vater arbeitete in einer Dachpappenfabrik. »Ich vergesse nicht, wo ich herkomme«, so einer der bestbezahlten Manager Europas. [121]

Arroganz hat viele Gesichter. Sie beginnt schon bei der banalen Frage, wer im Abteilungsmeeting den letzten Keks für sich beansprucht. In einem psychologischen Experiment an der Stanford University wurden dazu jeweils drei Probanden zu einer Arbeitsgruppe erklärt, die eine halbe Stunde lang über irgendeine Frage diskutieren soll. Willkürlich wurde einer von ihnen zum »Chef« ernannt, der im Anschluss an das Meeting die Leistung der beiden anderen beurteilen durfte. Gleichzeitig stellten die Versuchsleiter einen Teller mit Keksen in den Raum, fieserweise nur mit fünf Plätzchen. Einen zweiten Keks nahm sich fast immer der jeweilige Gruppenleiter. Auch sonst verhielt er sich anders als seine Mitarbeiter. Die Psychologen beobachteten, dass »der Gruppenleiter mit größerer Wahrscheinlichkeit ziemlich unappetitlich isst – er wird, mit anderen Worten, sozial enthemmt. Er neigt dazu, mit offenem Mund zu kauen und zu krümeln.« Dies habe nichts mit schlechter Kinderstube zu tun und sei auch keine dauerhafte Eigenschaft: »Wenn er ein normales Gruppenmitglied wäre, würde er ganz normal und ordentlich essen.«[122] Schon ein Quäntchen mehr Macht provoziert offensichtlich eine Einstellung nach dem Motto »was kümmert es die stolze Eiche…«. Wer mag sich da noch über Winterkorns Duzerei wundern?

Die eigene Arroganz hält andere Menschen auf Distanz. Sie kann in die Überzeugung münden, dass die allgemeinen Spielregeln zwar für alle anderen gelten, aber nicht für die eigene Wenigkeit. »Alle Tiere sind gleich. Aber manche sind gleicher«, spottete George Orwell schon vor knapp 70 Jahren in seiner Politfabel *Farm der Tiere*. Etwas Ähnliches mag sich auch Uli Hoeneß gedacht haben, als er Millionen in die Schweiz schaffte, während er sich in Talkshows zur moralischen Instanz aufschwang und über die mangelnde Steuermoral der Wohlhabenden philosophierte.[123] Gleichzeitig war es vielleicht dieses brachiale »ICH weiß, wo es langgeht«, das Hoeneß' Aufstieg vom Sohn eines Fleischermeisters in der Provinz zum Multimillionär und Kanzlerinnenberater mitbegründete. Auch Enron-Chef Jeffrey Skilling, der 2006 wegen einer Bilanzfälschung »biblischen Ausmaßes«[124] zu 24 Jahren und 4 Monaten Haft verurteilt wurde, ist nicht nur wegen seiner Spielermentalität und

- **Arroganz tut gut,** wenn sie unabhängig macht – im Kopf und vom Beifall anderer. Damit erlaubt Arroganz die Fokussierung eigener Vorhaben und schlägt Zeit- und Kraftdiebe in die Flucht.

- **Arroganz wird gefährlich,** wenn sie sich zu Selbstüberschätzung und Selbstherrlichkeit steigert.

- **Gegenmittel:** Isolation und Selbstbezogenheit meiden. Selbst Könige hatten Hofnarren, damit ihnen zumindest einer widerspricht. Wen haben Sie?

Risikofreudigkeit, sondern auch wegen seiner Arroganz berüchtigt. Bei seiner Bewerbung an der Harvard Business School soll Skilling von einem Professor gefragt worden sein: »Are you smart?« Seine Antwort: »I'm fucking smart!«[125]

Sie ahnen es längst: Auch wenn diese Negativbeispiele die Arroganz in ein trübes Licht tauchen, hat der unerschütterliche Glaube an die Überlegenheit eigener Überzeugungen seine guten Seiten. Ein Beispiel dafür ist Phil Knight, ein talentierter Mittelstreckenläufer. Nach seinem Abschluss an der University of Oregon Mitte der Fünfzigerjahre absolvierte er einen MBA in Stanford. Thema seiner Abschlussarbeit: das Konzept einer Sportschuhproduktion in Japan, die dem Platzhirsch adidas Konkurrenz machen könnte. Niemand war bereit, in das Projekt zu investieren, Anfragen in Japan blieben unbeantwortet. Durch einen glücklichen Zufall gewann Knight den Trainer Bill Bowerman zum Partner. Die beiden gründeten mit jeweils 500 Dollar Startkapital »Blue Ribbon Sports«. Bowerman experimentierte mit dem Waffeleisen seiner Frau (kein Scherz!) und entwickelte neue, leichtere Turnschuhsohlen. Eine Grafikstudentin entwarf ein Markenzeichen; ein dritter Partner dachte sich 1971 einen griffigen Namen aus. Der Rest ist Geschichte: Die Firma ist heute unter dem Namen Nike weltbekannt.[126] Das Magazin *Forbes* schätzte das Vermögen von Phil Knight im September 2013 auf 16,3 Milliarden Dollar.[127]

Nur Loser hoffen auf Facebook

Arrogante Zeitgenossen verfolgen ihren eigenen Weg – sie legen keinen Wert darauf, mit Hinz und Kunz Freundschaft zu schließen, und vertwittern ihre kostbare Zeit nicht. »Ich mag keinem Club angehören, der mich als Mitglied aufnimmt«, spottete der legendäre US-Komiker Groucho Marx einst. Arroganz schafft Distanz. Sie schützt vor »Psychovampiren« und anderen Zeitgenossen, die einem Zeit, Nerven und Kraft rauben – Ressourcen, die man klüger in wirklich wertvolle Kontakte und eigene Projekte investiert. Je niedriger die Zugangsschwelle eines Vereins, ob digital oder analog, desto uninteressanter ist die Mitgliedschaft, zumindest unter Erfolgsgesichtspunkten. Bei den Rotariern ist es vermutlich spannender als im ADAC, und im exklusiven Golfclub treffen Sie sehr wahrscheinlich »Freunde«, die Ihnen geschäftlich mehr bringen als Facebook. Dass auch Prominente bei Facebook sind oder twittern, zählt hier nicht: B-Promis und Dschungelcamp-Insassen interessieren hier nicht. Und dass die anderen ihre PR-Agentur twittern und facebooken *lassen*, sollte sich nun wirklich herumgesprochen haben, oder?

Fanden Sie das jetzt gerade ätzend arrogant? Nun, dann wissen Sie jetzt, warum ich bei XING so wenige Kontakte habe.

Was ist das eigentlich – »Erfolg«?

»Die Deutschen sind deswegen wirtschaftlich so erfolgreich, weil sie unfähig sind, das Leben auf intelligente Weise zu genießen«, brummelt mein Sitznachbar beim Businessflug, offenbar Franzose. Gerade kreisen sämtliche Leitartikel der Wirtschaftspresse mal wieder um Deutschland als Musterknaben in Europa. Ich muss grinsen, auch wenn der gut gekleidete Herr neben mir stichelt. Einerseits bestätigt er meine »Deprivationstheorie« der Motivation, andererseits bringt er perfekt auf den Punkt, dass es unterschiedliche Erfolgskonzepte gibt. Eine Reise durch die Welt der Senkrechtstarter stimmt unweigerlich nachdenklich: Der Glanz des Erfolgs bekommt Risse, sobald man genauer hinschaut und feststellt, womit er manchmal erkauft wurde. Also: Was ist das – »Erfolg«? Drei mögliche Gleichungen:

Erfolg = Geld?

Geld und Reichtum, ein vermeintlich sorgenfreies Leben mit vielen Annehmlichkeiten, so lautet eine gängige Definition von Erfolg. Vorsichtig macht da nicht nur das Schicksal etlicher Lottomillionäre, sondern auch ein Blick auf die reichsten Menschen der Welt. Die »World's Billionaires List« des US-Magazins *Forbes* verrät Folgendes über die 100 Menschen mit den meisten Milliarden im Jahre 2013:

- Nur 12 der Milliardäre sind unter 50, nur einer ist unter 30 (Mark Zuckerberg mit 29 Jahren).
- 20 Superreiche sind über 80 Jahre alt.
- Insgesamt 40 Prozent der Top 100 sind mit über 70 Jahren im fortgeschrittenen Rentenalter.[128]

Mit dem Erfolg in jungen Jahren scheint das so eine Sache zu sein. Etliche der »Jüngeren« wurden in Firmendynastien hineingeboren, bekamen ihren Erfolg also in die Wiege gelegt, etwa Susanne Klatten (51 Jahre) und Stefan Quandt (47) aus der Familie der BMW-Eigentümer. Einige wurden mit genialen Geschäftsideen im

Internetzeitalter reich, so Jeff Bezos von Amazon (49) oder die Google-Gründer Larry Page und Sergey Brin, beide 40. Weitere, etwa Michael Dell (48), machte ebenfalls die IT-Branche wohlhabend. Auch der zweitreichste Mann der Welt, Bill Gates, gehört in diese Gruppe. Und über welche Eigenschaften muss man wohl verfügen, wenn man heute in Russland zum Milliardär werden will (11 Platzierungen unter den Top 100)? Auch in anderen Schwellen- und Entwicklungsländern lässt sich trefflich Reichtum anhäufen: Unter den Top 100 sind 5 Brasilianer, 3 Inder, 3 Mexikaner. In Mexiko ist auch der Telekommunikationsunternehmer und derzeit reichste Mann der Welt zu Hause, Carlos Slim Helú. Enormer Reichtum korreliert häufig mit enormen sozialen Unterschieden, also brutaler Armut sehr vieler Menschen. Wer es wirklich zu etwas bringen will, wandert jedoch am besten in die USA aus. 37 der 100 reichsten Menschen der Welt kommen aus dem Mutterland des Kapitalismus. Er ist außerdem besser männlich als weiblich: Auf der Top 100 Liste sind gerade einmal 12 Frauen vertreten. Vorsicht ist also angebracht, wenn Erfolgsgurus Ihnen das Blaue vom Himmel und schnellen und mühelosen Reichtum versprechen. Wenn Sie auf Nummer sicher gehen wollen, mutieren Sie aktuell am besten zum US-amerikanischen Firmenerben im Großvateralter mit IT-Branchen-Know-how.

Erfolg = Einfluss?

Selbst politische Gegner würden wohl einräumen, dass Angela Merkel auf einen großen Lebenserfolg blicken kann. Zwar verdient sie weniger als mancher Sparkassendirektor, doch sie wird zu den einflussreichsten Menschen der Welt gezählt. Auch für die Mächtigsten auf unserem Planeten führt *Forbes* eine Liste: »The World's Most Powerful People«. 2013 stand die deutsche Pfarrerstochter auf Platz 5, gleich hinter dem Papst und vor Bill Gates, der wegen seiner Stiftung erwähnt wird.[129] Platz 1 jedoch belegte der russische Präsident Putin, gefolgt von Barack Obama und dem Generalsekretär der Kommunistischen Partei Chinas, Xi Jinping. Auch Zentralbank-Präsidenten (Ben Bernanke, Mario Draghi) waren unter den Top 10, ebenso der greise saudische König Abdullah Bin Abdul Aziz Al Saud. Nach *Forbes'* Auskunft fließt in dieses Ranking ein, wie viele Menschen eine Persönlichkeit beeinflusst, wie aktiv sie ihre Macht nutzt, wie groß ihre finanziellen Ressourcen sind und ob sie in unterschiedlichen Sphären erfolgreich ist. Diese Kriterien katapultierten 2013 Wladimir Putin auf den ersten Platz. Wie zweischneidig die Kategorie »Einfluss« ist, zeigt auch ein Blick in die Historie der »Person of the Year«, die seit 1927 vom US-Magazin *Time* gekürt wird. Ausgewählt wird, wer die Ereignisse des Jahres nach Ansicht der Redakteure am meisten beeinflusst hat – »for better or for worse«. 1938 schaffte es so Adolf Hitler auf das Titelblatt, 1939 und 1942 Stalin, 1979 Khomeini.[130] 2013 war Papst Franziskus die Person des Jahres, aber auch Wallis Simpson, die ihren Geliebten, den englischen König Edward VIII. zur Abdankung veranlasste (1936), die »ungarischen Freiheitskämpfer« (1956) oder der »Computer« (1982) wurden schon ausgezeichnet. Macht und Einfluss als Erfolgskriterien bilden eine merkwürdig diffuse Kategorie. Politische Macht, spiritueller Einfluss oder auch eine Revolution des Alltagslebens, alles ist hier vorstellbar.

Erfolg = Zufriedenheit, Lebensfreude?

»Was bedeutet schon Geld? Ein Mensch ist erfolgreich, wenn er zwischen Aufstehen und Schlafengehen das tut, was ihm gefällt«, davon war Bob Dylan überzeugt. Das könnte auf eine engagierte Lehrerin zutreffen, auf einen vierfachen Vater und Hausmann oder auch einen engagierter Tüftler und erinnert an den antiken Philosophen Diogenes. Den soll einst der ruhmreiche Feldherr Alexander der Große aufgesucht haben. Er fand Diogenes in der Sonne liegend vor. Auf Alexanders Frage, was er für ihn tun könne, antwortete Diogenes schlicht: »Geh mir nur ein wenig aus der Sonne!« Man muss sich Diogenes wohl als glücklichen Menschen vorstellen. Erfolg verstanden als Lebensglück ist offenbar unabhängig von materiellen Gütern. Diogenes beispielsweise bewohnte keinen Palast, sondern zumindest zeitweise ein Holzfass. Auch sonst erlebt man Überraschungen bei der Suche nach Zufriedenheit. Ende Januar 2014 porträtierte das Magazin *Stern* Menschen, die erklärtermaßen glücklich in ihrem Job sind: ein Bootsbaumeister, ein Kranführer, eine Mode-Bloggerin, ein Feuerwehrmann, eine Altenpflegerin, eine Gärtnerin, und – man glaubt es kaum – ein Finanzbeamter, der darauf hinweist, dass es ohne seine Arbeit weniger Kindergärten oder Straßen gäbe und dass er es erfüllend finde, für Gerechtigkeit zu sorgen.[131] Ausgesprochene Vielverdiener wie Unternehmensberater, Investmentbanker oder Anlageberater hört man dagegen nicht selten darüber philosophieren, ob man mit 50 genügend auf die Seite gelegt habe, um endlich das Leben zu genießen ... Unter dem Gesichtspunkt »Lebensglück« scheint Bob Dylans Rezept »Tun, was einem gefällt« so schlecht nicht zu sein. Das befähigt Menschen vermutlich auch dazu, ihre Ziele mit der Energie zu verfolgen, die im nächsten Kapitel beschrieben wird. Dort geht es um die Erfolgsrezepte der Senkrechtstarter.

SENKRECHTSTARTER

Teil II
Die rosarote Scheinwelt der Motivationsgurus

»Viele verdanken ihre Erfolge
den Ratschlägen,
die sie nicht befolgt haben.«

Anonymer Ratgeber

Von Freud bis Tsjakkaa-Schreien: Irrwege der Motivationspsychologie

Was kommt Ihnen als Erstes in den Sinn, wenn Sie das Stichwort »Motivation« hören? Wenn ich diese Frage in meinen Vorträgen stelle, ruft mindestens einer »Tsjakkaa!« und ein zweiter »Feuerlaufen!«. Dabei ist Motivation ein Grundthema der Psychologie, das nichts mit anfeuernden Spektakeln zu tun hat. Motivation ist laut Fremdwörterbuch »die Summe der Beweggründe, die eine Entscheidung, eine Handlung begründen«.[132] Das ist zwar nicht besonders schön formuliert, aber zutreffend. Wenn ein Psychologe sich Gedanken über Motivation macht, dann analysiert er in der Regel nicht die Spitzenleistungen von Top-Performern, sondern er geht schlicht der Frage nach »Warum tun Durchschnittstypen das, was sie tun?« Darauf sind im Laufe der Zeit eine Reihe von unterschiedlichen Antworten gegeben worden, bis das Thema schließlich zur Bühnenshow in großen Hallen verkam, in denen der erfreute Durchschnittsmensch erfuhr, dass auch für ihn »alles« möglich ist. Wer sich ernsthaft für Motivation interessiert, kann ganze Bibliotheken dazu lesen – mit dem schönen Effekt, dass seine Verwirrung mit jedem Regalmeter zunimmt. Die Frage nach dem Warum menschlichen Handelns ist so allgemein, dass sich Wissenschaftler und Philosophen seit jeher damit beschäftigen, mit jeweils unterschiedlichen Schwerpunktsetzungen, Methoden und Ergebnissen. An dieser Stelle kann ich Ihnen naturgemäß nur einige psychologische Ansätze knapp vorstellen. Zunächst werfen wir allerdings einen kurzen Blick zurück in die Antike.

Epikur: Ich will Spaß!

Eine der ersten Thesen zur Motivation formulierte der griechische Philosoph Epikur vor rund 2 300 Jahren. Epikur nahm an, Menschen handelten, um Lust (Vergnügen, Freude) zu gewinnen und Unlust (Schmerz) zu vermeiden. Das Lust-Unlust-Prinzip liegt dem Hedonismus zugrunde, einer auf Maximierung individuellen Genusses ausgerichteten Lebensführung. Möglicherweise kommt Ihnen gerade jemand in den Sinn, den Sie spontan als »Hedonisten« bezeichnen würden – jemand, der sein Leben in vollen Zügen genießt. Leben heißt in diesem Weltbild Feiern, sich nehmen, was einem zusteht, konsumieren, schöne Dinge genießen. Allerdings erklärt das Lust-Unlust-Prinzip weder das disziplinierte Aufschieben von Lustgewinn vor Prüfungen oder in Stressphasen im Beruf noch selbstlose Akte der Hilfsbereitschaft oder gar der Aufopferung für andere. Der Mensch ist offenbar komplizierter gestrickt, als die spontan einleuchtende Lust-Unlust-These vermuten lässt. Epikurs Ansatz wirft bei näherer Betrachtung mehr Fragen auf, als er beantwortet: Sind Lust und Unlust tatsächlich die einzigen Handlungsantriebe, oder gibt es noch andere Motive? Gibt es möglicherweise so etwas wie indirekten Lustgewinn, etwa beim altruistischen Handeln? Dafür spricht, dass Spender sich besser fühlen als Menschen, die eher an sich denken (vgl. den Abschnitt: »Großzügigkeit«). Verändert sich die Rolle der von Epikur postulierten Motive im Laufe des Lebens? Wer als Teenager nicht zeitweise ra-

● **Für die Praxis** (etwa für den Führungsalltag) lässt sich die Erinnerung mitnehmen, dass Menschen ihr Handeln nicht nur an Belohnungen ausrichten, sondern auch an drohenden Unlusterlebnissen, also Bestrafungen.

dikalen Hedonismus lebt, kann einem fast leidtun. Wer das als Familienvater immer noch propagiert, kann einem Sorgen machen. Haben Lust und Unlust bei allen Menschen ähnliche Auslöser?

Freud: Denn wir wissen nicht, was wir tun

In der jüngeren Vergangenheit, also in den letzten 100 Jahren, ist Motivation eine der Schlüsselfragen der Psychologie. Definiert man sie so umfassend wie der Stanford-Professor Philip G. Zimbardo, ist Motivation sogar *die* psychologische Grundfrage schlechthin. Für Zimbardo ist Motivation »der Prozess der Initiierung, der Steuerung und Aufrechterhaltung physischer und psychischer Aktivitäten, einschließlich jener Mechanismen, welche die Bevorzugung einer Aktivität sowie die Stärke und Beharrlichkeit von Reaktionen steuern«.[133] Der Begründer der Psychoanalyse, Sigmund Freud, ging davon aus, dass uns die Motive unseres Handelns nur in begrenztem Maße bewusst sind. Konkretes Verhalten entsteht für Freud in der Auseinandersetzung von »Es«, »Ich« und »Über-Ich«. Ende des 19. Jahrhunderts war dieses Persönlichkeitsmodell ebenso revolutionär wie schockierend. Danach wird unser Handeln maßgeblich von Trieben motiviert, die im Es angesiedelt und uns daher allenfalls in Ansätzen bewusst sind. Im Über-Ich sind gesellschaftliche Normen, Werte und erlernte Verhaltensmaximen gespeichert. Man kann es grob als Gewissen übersetzen. Das Ich ist der Bereich des teilweise Bewussten oder dem Bewusstsein Zugänglichen, unsere Vernunft. Damit ist das Ich die vermittelnde Instanz zwischen den Triebimpulsen des Es und den im Über-Ich gespeicherten normativen Ansprüchen. Wie wir handeln, ist für Freud also das Ergebnis eines dynamischen Prozesses, den wir selbst nur teilweise verstehen.

Interessant ist dabei natürlich die Frage, welche angeborenen Triebe unser Verhalten steuern. Freud überarbeitete sein Trieb-

- **Für die Praxis** lässt sich daraus ableiten, dass Menschen und menschliches Handeln weit weniger trivial sind, als die Motivationsinstrumente glauben machen wollen, über die in der Firmenpraxis diskutiert wird. Führungskräfte besitzen meist einen Motivationskoffer mit groben Werkzeugen wie Hammer, Meißel, Zollstock, wo manchmal ein Chirurgenbesteck vonnöten wäre. Wir verstehen uns manchmal selbst nicht. Wie wollen wir da andere verstehen? Hinzu kommt: Freud fragt nach den Ursachen des Handelns beim Einzelnen, der durch biologische Dispositionen ebenso wie durch Normen, Werte, Erziehung etc. geprägt ist. Niemand ist ein unbeschriebenes Blatt, wenn er in Ihre Abteilung kommt, und Menschen lassen sich nicht ausrechnen wie Formeln. Das macht Motivation zu einer echten Herausforderung.

konzept mehrfach. Dabei ging er von einem Triebdualismus aus, den er in seinem Spätwerk als Eros (selbsterhaltende Triebe und Lustgewinn) und Thanatos (Todes- oder Destruktionstrieb) bezeichnete.[134] Insbesondere am Thanatos (benannt nach dem griechischen Todesgott) entzündeten sich heftige Diskussionen, ebenso am methodischen Vorgehen Freuds, der sich auf klinische Befunde (also Patientenbeobachtungen) stützte und intuitiv-theoretisch blieb. Für Freud basiert all unser Handeln im Kern auf sexuellen Antrieben, die wir ausleben, aber auch auf Geheiß des Über-Ichs auf ein anderes Gebiet ableiten oder verdrängen. Herausragende Leistungen auf anderen Gebieten können also auf einer Sublimierung des Sexualtriebs basieren. Man hat das salopp auch als »Dampfkesseltheorie« bezeichnet. Der Blick in die Abgründe der Top-Performer im ersten Teil des Buches unterstreicht eine derartige Psychodynamik. Nicht rationale Überlegungen und kühlen

Blutes erstellter Lebensentwürfe sind vielfach der Hauptmotor außergewöhnlicher Anstrengungen und extremer Beharrlichkeit, sondern starke Emotionen wie Rache, Zorn, Wollust, Gier.

Viele von Freuds Ideen sind heute umstritten. Unbestritten ist jedoch, dass er unser Denken über den Menschen revolutioniert und die Aufmerksamkeit darauf gelenkt hat, dass hinter menschlichem Verhalten ein komplexes und nur in Ansätzen bewusstes psychisches Geschehen steckt. Neurobiologen und Hirnforscher unserer Zeit würden dieser Grundauffassung wohl zustimmen, auch wenn sie heute mit völlig anderen Modellen und Methoden arbeiten. Verhalten lässt sich nur zum Teil auf rationale oder auch nur bewusste Motive zurückführen.

Die Behavioristen: Entscheidend ist, was hinten rauskommt

Ganz anders als die Psychoanalytiker verschrieben sich die Behavioristen einem radikal empirischen Wissenschaftsbegriff. Untersuchungsgegenstand ist für sie das beobachtbare Verhalten (»behavior«); introspektive Methoden und »mentalistische« Begriffe wie Gefühl, Seele, Gedanke lehnten sie ab. Wissenschaft hat sich um das zu kümmern, was sich messen lässt. Bekanntester Vertreter des Behaviorismus ist Burrhus Frederic Skinner, der 1931 an der Harvard University promovierte und Jahrzehnte dort lehrte. Ein anderer ist Clark Hull, der in den Vierziger- und Fünfzigerjahren des letzten Jahrhunderts das Institute for Human Relations an der Universität in Yale leitete und bezeichnenderweise zunächst Ingenieurwissenschaften studierte. In den Arbeiten der Behavioristen geht es um die Untersuchung von Reiz-Reaktions-Mustern. Clark Hull erklärt dabei Handeln als Produkt aus angeborenen physiologischen Bedürfnissen oder »Trieben« (»drive«) und erlernten Verhaltensweisen (»habit«), das durch Anreize verstärkt werden kann. Eine Verhaltenstendenz lässt sich also mit einer mathematischen

Formel umschreiben – Verhalten = Habit x Drive x Anreiz. Im Personalwesen wurde diese griffige Formel gerne genutzt und in Anreizsysteme der Mitarbeitermotivation umgemünzt. Wer möchte, dass Menschen etwas Bestimmtes tun, sollte ihnen dafür eine messbare Belohnung in Aussicht stellen, so der Grundgedanke. Boni und erfolgsabhängige Gehaltsbestandteile haben hier ihre Wurzeln. In bestimmten Branchen und Unternehmensbereichen, beispielsweise im Investmentbanking oder im Vertrieb, ist dieses System offenbar sehr wirksam. Hulls Kollege B. F. Skinner experimentierte ebenfalls mit Reiz-Reaktions-Ketten: Durch welche Stimuli wird ein Verhalten erlernt, verstärkt und beibehalten; welche Reize führen dazu, dass ein Verhalten seltener auftritt oder aufgegeben wird? Wenn Ratten lernen, Hebel für Futterautomaten zu drücken, befinden Sie sich in der Welt der Behavioristen. Das klingt despektierlich, sollte aber nicht darüber hinwegtäuschen, dass auch jenseits der Boni für Banker in unserer Gesellschaft häufig versucht wird, Verhalten auf der Basis behavioristischer Überzeugungen zu lenken. Gute und schlechte Noten sollen Schüler zum Lernen anhalten, Strafandrohungen sollen uns vom Schwarzfahren in der Straßenbahn und Rasen in Wohngebieten abhalten, gezieltes Lob und gezielter Tadel von Eltern oder Vorgesetzten sollen das Handeln von Kindern oder Mitarbeitern in eine gewünschte Richtung lenken.

Doch Menschen agieren nicht nur aufgrund äußerer Belohnungen, sondern auch aufgrund innerer Motive, die komplexer sind als Hulls physiologische Antriebe. Was motiviert einen Hobbygeiger zu üben, bis die Fingerkuppen bluten, auch wenn er dafür keine sichtbare Belohnung erhält, nicht auf einer Bühne stehen wird, nicht einmal in einem Laienorchester? Was veranlasst einen Mitarbeiter, sich in die Entwicklung eines ambitionierten Konzepts förmlich zu versenken und auch ohne zusätzliche finanzielle oder ideelle Belohnung dafür Überstunden zu machen, während der Kollege im Büro nebenan in der gleichen Situation nur das Nötigste tut? Manche Tätigkeiten sind für manche Menschen offenbar als solche Lohn genug. Außerdem gibt es Indizien, dass finanzielle Anreize in bestimmten Kontexten kontraproduktiv sein können. Sie kennen den Mechanismus: Wenn Sie anfangen, Ihrem halbwüchsigen Sohn fürs Rasenmähen fünf Euro zu geben, besteht die Gefahr, dass er bald nur noch den Rasen mäht, wenn Sie vorher mit dem Fünfer winken. Anreize können korrumpieren, das gilt auch für Erwachsene.[135] Wir alle kennen außerdem Situationen, in denen das Angebot einer finanziellen Entschädigung entrüstet zurückgewiesen wird. Nehmen wir an, Sie bewahren eine alte Dame vor einem Handtaschenraub. Wie würden Sie reagieren, wenn diese ihr Portemonnaie zückt und Ihnen Geld geben will? Und sind Sie sicher, dass jeder andere genauso reagieren würde? Fragen wie diese unterstreichen, dass man sich der von den Behavioristen gescheuten Black Box innerer Vorgänge stellen und individuelle Unterschiede berücksichtigen muss, wenn man sich den Motiven menschlichen Handelns erschöpfend widmen will.

● **Für die Praxis:** Die Behavioristen lenken die Aufmerksamkeit darauf, dass Verhalten erlernt und verlernt werden kann und dabei konsistente Stimuli von außen eine wichtige Rolle spielen. Wer im Alltag, etwa im Unternehmen, Wert auf bestimmte Verhaltensweisen legt, muss darauf achten, dass er nicht falsche oder widersprüchliche Signale sendet. In bestimmten Kontexten bewähren sich simple Anreizsysteme (etwa finanzielle Belohnungen). Auf der anderen Seite lassen sich Menschen natürlich nicht auf simple »Reiz-Reaktions-Maschinen« reduzieren, auch wenn dies gemäß dem positivistischen Wissenschaftsverständnis von Skinner und Co. das Einzige ist, was sich seriös untersuchen lässt.

Humanistische Psychologie: Erzähle mir, wer du bist

Die bisherigen Ansätze konzentrieren sich auf menschliche Grundkonstanten: Was bringt den Menschen »als solchen« ins Handeln? Die Beispiele des Hobbygeigers oder der mehr oder weniger engagierten Konzeptentwickler illustrieren jedoch, wie unterschiedlich Menschen sind. Spannend wird es, wenn man sich mit verschiedenen Motivlagen beschäftigt. Anders als in der Psychoanalyse Freuds, die in klinischen Beobachtungen wurzelt, geht man in der

Abbildung 1 Maslows Bedürfnispyramide

Selbst-
verwirklichung

Ich-
Bedürfnisse

Soziale
Bedürfnisse

Sicherheits-
bedürfnisse

Psychologische
Bedürfnisse

humanistischen Psychologie der Frage nach, wie gesunde Individuen sich entfalten. Einer der Vorreiter ist Abraham H. Maslow, dessen Bedürfnispyramide Ihnen vielleicht schon ein Begriff ist: Maslow, dessen Hauptwerk *Motivation und Persönlichkeit* 1954 erschien[136], fragt nach den grundlegenden Motiven des Menschen, die hinter seinen offensichtlichen Bedürfnissen liegen. Er postuliert eine Hierarchie mit physiologischen Bedürfnissen (wie Hunger, Durst, Abwesenheit von Schmerz) an der Basis, gefolgt von dem Bedürfnis nach Sicherheit (Stabilität, Schutz, Angstfreiheit, sicherer Arbeitsplatz usw.) und sozialen Bedürfnissen (wie beispielsweise Zuwendung, Aufmerksamkeit, Zugehörigkeit). Zu den Ich-Bedürfnissen gehören Wertschätzung, Leistung, Kompetenz, aber auch Anerkennung, Prestige, Geltung und Macht. Die Spitze der Pyramide schließlich bildet das Bedürfnis nach Selbstverwirklichung, das sich im Wunsch nach persönlichem Wachstum, nach Individualität, Kreativität niederschlägt, aber auch im Bedürfnis nach Transzendenz (Spiritualität). Maslows Bedürfnispyramide lässt sich daher auch so aufschlüsseln:

Maslow ging davon aus, dass zunächst die Bedürfnisse niedriger Ebenen befriedigt sein müssen, bevor ein »höheres« Bedürfnis überhaupt aktiviert wird. Wer am Verdursten ist, der grübelt nicht über seine Selbstverwirklichung nach. Die ersten fünf Motive sind Defizitmotive, die schmerzhaft bewusst werden, sobald ihre Befriedigung ausbleibt. Die Wachstumsmotive (6, 7, 8) dagegen sind weniger überlebensnotwendig, ihr Ausleben verschafft dem Einzelnen jedoch ein hohes Gefühl der Befriedigung. Damit kann Maslow erklären, warum jemand sich auf der Geige die Finger wund übt, auch ohne dafür eine greifbare Belohnung zu bekommen, warum ein anderer malt und ein Dritter ehrenamtlich seine ganze Energie in die Rettung des Regenwaldes am Amazonas investiert. Unterschiedliche Verhaltensweisen können danach im selben Grundmotiv wurzeln.

In der Wirtschaftspsychologie ist dieses Modell sehr beliebt, fast jeder Manager bekommt es in einem Führungsseminar irgend-

Abbildung 2 Aufschlüsselung grundlegender Motive nach Maslow

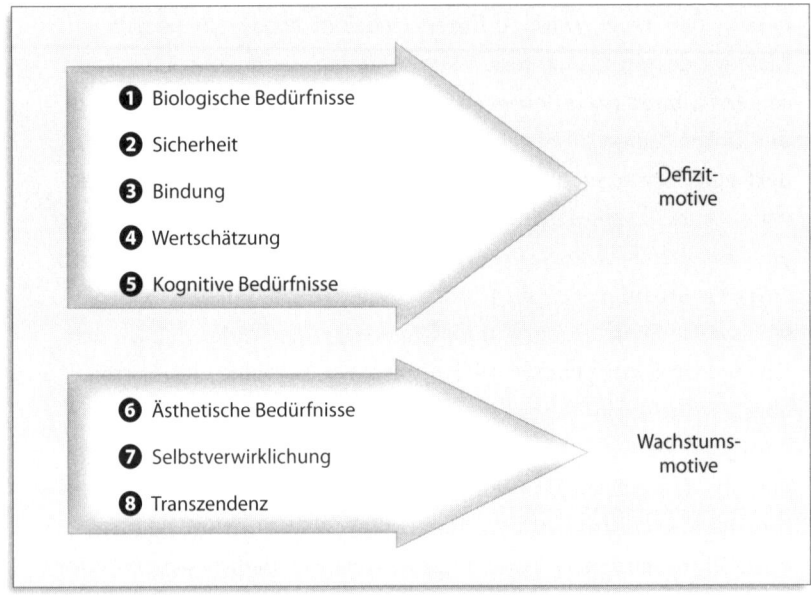

wann einmal zu sehen. Maslows Argumentation leuchtet spontan ein: »Erst kommt das Fressen, dann die Moral«, wusste schon Bert Brecht. Außerdem erlaubt das Modell direkte Ableitungen für die Unternehmenspraxis, die sich ebenfalls mit der Lebenserfahrung decken: Wenn grundlegende Bedürfnisse nicht erfüllt werden, nützt es nichts, Mitarbeiter mit übergeordneten Motiven ködern zu wollen. Ist der Arbeitsplatz gefährdet oder das Klima vergiftet, bringen kreative Freiräume oder flammende Mission Statements keinen Motivationsschub in Ihrer Abteilung. Kritik an Maslow entzündet sich daran, dass sein Modell nicht empirisch validiert und vage formuliert ist. Auch die automatische Vorrangigkeit der Basismotive lässt sich anzweifeln. Kunst entsteht beispielsweise auch unter verheerenden äußeren Bedingungen – denken Sie an Vincent van Gogh und seine prekäre Lebenssituation oder daran, dass selbst in Gefängnissen oder Straflagern Gedichte geschrieben werden. Auch der im ersten Teil des Buches formulierte Deprivationsansatz zur Erklärung von Spitzenleistungen setzt voraus, dass Maslow nicht die ganze Wahrheit erzählt: Manche Menschen streben offenbar auch unter widrigen Umständen mit beeindruckender Hartnäckigkeit nach Status, Macht und Selbstverwirklichung, gerade weil ihnen früh grundlegendere Bedürfnisse nach Sicherheit und Zugehörigkeit verweigert wurden. Diskutabel ist auch, ob jeder Mensch alle Bedürfnisse in sich trägt beziehungsweise in gleichem Maße in sich trägt. Offensichtlich wird dies beispielsweise beim unterschiedlichen Sicherheitsbedürfnis: Den einen lähmt ein hohes Risiko, der andere sucht den Nervenkitzel geradezu. Den einen Mitarbeiter versetzen schon kleine Andeutungen über lahmende Umsätze in Panik, der andere sieht einer möglichen Kündigung gelassen entgegen. Auch dass jeder Mitarbeiter tatsächlich nach Selbstverwirklichung strebt, würden manche Chefs bestreiten. Zumindest möchte sich vielleicht nicht jeder an seinem Arbeitsplatz verwirklichen.

Wie jedes theoretische Modell ist auch Maslows Bedürfnispyramide ein Konstrukt, das bei der Erklärung individuellen Verhaltens viel Spielraum für Interpretation lässt. Deutlich wird dies auch im Kontrast zu einem aktuelleren Motivansatz, der seit den Neunzigerjahren zunehmend Verbreitung findet: das Motivprofil des US-Psychologen Steven Reiss. Auch für Reiss entspringt unterschiedliches Handeln aus unterschiedlichen Motiven. Dabei geht er von individuellen Werten oder »Lebensmotiven« aus: »We value what we want and we want what we value« (Wir wertschätzen, was wir wollen, und wir wollen, was wir wertschätzen.)[137] Anders als bei Maslow gibt es hier keine universelle Motivhierarchie, sondern ein Werteprofil, das so individuell ist wie ein Fingerabdruck. Dabei nimmt Reiss folgende Motive an:

1. Macht (power)

2. Unabhängigkeit (independence)

3. Neugier (curiosity)

4. Anerkennung (acceptance)

5. Ordnung (order)

6. Sparen (saving)

7. Ehre (honor)

8. Idealismus (idealism)

9. sozialer Kontakt/Beziehungen (social contact)

10. Familie (family)

11. Status (status)

12. Rache/Kampf (vengeance)

13. Romantik (romance), in manchen Versionen des Modells auch als »Eros« betitelt; Reiss spricht vom »Streben nach Sex und Schönheit«

14. Ernährung (eating)

15. Körperliche Aktivität (physical activity)

16. Ruhe (tranquility)[138]

Reiss definiert seine Motive als Kontinuum zwischen zwei Extremen, bei »Romantik« (»Eros«) mit Askese/Nüchternheit an einem Ende der Skala sowie Sinnlichkeit/Genussorientierung am anderen; bei »Rache/Kampf« mit hoher Harmonieorientierung auf der einen und hoher Wettbewerbsorientierung auf der anderen Seite. Will sagen: Jeder Mensch trägt alle Motive in sich, jedoch in sehr unterschiedlicher Ausprägung. Dabei unterstreicht Reiss die empirische Basis seines Modells, das auf der Befragung von rund 6 000 Probanden beruhe.[139] Sein Modell wird inzwischen von verschiedenen Anbietern und autorisierten Beratern als Persönlichkeitstest angeboten. Kritik entzündet sich beim Reiss-Profil u.a. an missverständlichen Begriffen (wie beispielsweise bei den gerade genannten Motiven »Rache« und »Romantik«), an der Frage der Vollständigkeit der Liste (wo etwa bleiben Transzendenz und Spiritualität?) und an der von Reiss behaupteten evolutionären Basis der Motive. Ein Verdienst des Modells ist neben dem Versuch, Motive empi-

- **Für die Praxis:** Die Erstellung von Motivkatalogen sensibilisiert für die individuellen Unterschiede darin, was Menschen motiviert. Im Alltag sind wir oft geneigt, unsere eigenen Handlungsantriebe auch anderen zu unterstellen oder auf fremde Motivlagen mit Unverständnis zu reagieren. Wir erkennen entweder gar nicht, dass jemand anders tickt als wir selbst, oder wir sehen das zwar, denken aber, der andere tickt »falsch«. Normal ist immer man selbst, merkwürdig das Gegenüber. Doch wenn für Sie selbst Geld kein Motivator ist, muss das nicht heißen, dass es bei Ihrem Bankberater genauso ist. Und es sollte Sie auch nicht verwundern, dass für manche Menschen eine Statusaufwertung (zum Bespiel durch einen imposanten Jobtitel oder einen größeren Dienstwagen) wertvoller und damit ein größerer Ansporn sein kann als spannendere Aufgaben.

risch zu validieren, die Sensibilisierung für die sehr individuelle Motivstruktur des Menschen: Jeder Jeck ist anders! Im vierten Teil werden aus dieser wichtigen Tatsache Konsequenzen für eine neue Psychologie der Motivation gezogen.

Leistungsmotivation: Die Geheimnisse der Streber

Bisher haben wir gesehen: Während verschiedene Ansätze sich damit beschäftigen, wie Menschen ganz allgemein ins Handeln kommen, nehmen einige meiner Kollegen die Auslöser individuellen Handelns ins Visier. Andere Psychologen verengen das Blickfeld weiter und konzentrieren sich auf Leistungsverhalten. Zu ihnen gehört John Atkinson, der zusammen mit Kollegen 1953 ein viel beachtetes Buch unter dem Titel *The Achievement Motive* veröffentlichte.[140] Atkinson interessierte sich dafür, wie Menschen mit Aufgaben unterschiedlicher Anspruchslevel umgehen – also mit Aufgaben, die sie selbst für schwierig, mittelschwer oder eher einfach halten. Auf der Basis von Tests stufte er Versuchspersonen als mehr oder weniger leistungsorientiert ein: Dominiert bei jemanden das Streben nach Erfolg (Erfolgsmotiv) oder aber das Bemühen, Misserfolge zu vermeiden (Misserfolgsmotiv)? Ausgehend von verschiedenen Experimenten formulierte Atkinson dann sein »Risiko-Wahl-Modell«. Knapp zusammengefasst besagt es, dass leistungsorientiere (erfolgsmotivierte) Menschen dazu neigen, Aufgaben mit mittlerem Anspruchsniveau anzugehen. Solche Aufgaben sind weder so einfach, dass ihre Lösung keinerlei persönliche Befriedigung brächte, noch so schwierig, dass sie kaum zu bewältigen sind. Wenn ein leistungsorientierter Mensch einen ernsthaften Schachpartner sucht, wird er sich für einen Gegner entscheiden, der etwa auf seinem Level oder etwas besser spielt, weil es dann Spaß macht zu gewinnen. Er wird weder gegen einen blutigen Anfänger spielen wollen noch gegen einen Großmeister. Ein weniger leistungsorientierter Mensch dagegen wird vor allem vom Wunsch getrieben, peinliche Misserfolgserlebnisse zu vermeiden. Also sucht er sich entweder leicht zu erfüllende Aufgaben oder aber sehr schwere. Im ersten Fall ist ein Scheitern nahezu ausgeschlossen, im zweiten Fall ist es entschuldbar: »Das war so schwer, das konnte ich sowieso nicht schaffen!«

In beiden Fällen geht es im Kern um eine Stabilisierung des Selbstwertgefühls: Leistungsorientierte Personen sehen sich durch die Bewältigung echter Herausforderungen bestätigt, weniger leistungsorientierte Personen schützen ihren Selbstwert durch die oben beschriebenen Ausweichstrategien. Die Affinität dieses Ansatzes zur Wirtschaftspsychologie liegt auf der Hand: Menschen mit hoher Leistungsorientierung, die Aufgaben realistisch einschätzen und Herausforderungen beherzt angehen, sind der Traum jedes Chefs und jeder Chefin. Leistungsmotivation wird daher in Testverfahren zur Personalauswahl heute routinemäßig erhoben.[141]

Lässt sich die Leistungsorientierung eines Menschen steigern? Für Atkinson handelt es sich um ein stabiles Persönlichkeitsmerkmal. Stimmt das, so sind allen Versuchen, sich selbst und andere zu Höchstleistungen zu pushen (»zu motivieren«), Grenzen gesetzt. Wer Angst vor Misserfolg hat, wird sich auch durch Geld und gute Worte nicht so einfach zu mehr Ehrgeiz bewegen lassen. Interessant ist die große Rolle der Emotionen in diesem Konzept. Außerdem steckt im Risiko-Wahl-Modell bei näherer Betrachtung eine selbsterfüllende Prophezeiung: Wer Herausforderungen meistert und sich so Erfolgserlebnisse verschafft, wird sich auch zukünftig mehr zutrauen. Wer herausfordernde Situationen eher meidet oder sich überschätzt, wird fortlaufend in seiner Misserfolgsorientierung bestärkt. Leistungsverhalten kann so in eine Aufwärts- oder Abwärtsspirale münden – denken Sie an Menschen, die angeblich »immer Pech haben«, und an andere, denen scheinbar »alles in den Schoß fällt«.

Ist Leistungsorientierung angeboren oder anerzogen? Atkinsons Kollege David McClelland, ein Sozialpsychologe, lenkte die Aufmerksamkeit auf gesellschaftliche Ursachen, die sich in der Erziehung niederschlagen. Ausgehend von Max Webers Konzept der »protestantischen Ethik« untersuchte McClelland Zusammenhänge zwischen der jeweils vorherrschenden Religion in einem Land und Indikatoren für dessen wirtschaftliche Entwicklung (zum Beispiel Zuwachsraten bei der Stromerzeugung oder Zahl der jährlich angemeldeten Patente). In seinem Buch *The Achieving Society* dokumentiert er, dass überwiegend protestantische Staaten tendenziell wirtschaftlich erfolgreicher sind. Wenn weltlicher Erfolg und persönliche Askese als Zeichen der Gottgefälligkeit gelten, werden Leistung, Selbstverantwortung und harte Arbeit zu zentralen Inhalten in der Erziehung. Dafür müssen die eigenen Eltern nicht unbedingt gläubig sein: Diese Werte schaffen einen »Geist des Kapitalismus«, wie Max Weber in seinem berühmten Buch schrieb. Schon in Kinderbüchern werden dann beispielsweise entsprechende Einstellungen vermittelt.[142] Es mag also kein Zufall sein, dass im Musterland des Kapitalismus, den USA, die Protestanten die Religionsstatistik mit weitem Abstand anführen.[143] McClelland ging übrigens davon aus, dass das Bedürfnis nach Erfolg (achievement) neben den Bedürfnissen nach Macht und Zugehörigkeit und dem Vermeidungsmotiv (avoidance, also Angst als Triebkraft) zu den Grundantrieben des Menschen zählt.

Wovon hängt es noch ab, ob jemand Erfolge erzielen kann? Damit hat sich Professor Julius Kuhl, Experte für experimentelle Persönlichkeitspsychologie, auseinandergesetzt. Kuhl unterscheidet bei der Bewältigung von Herausforderungen zwischen »Handlungs-« und »Lageorientierung«. Handlungsorientierten Menschen gelingt es, beunruhigende Gefühle relativ rasch herunterzuregulieren, wenn sie mit Misserfolgen oder Herausforderungen konfrontiert sind. Sie verfügen über die Fähigkeit, sich selbst zu beruhigen und ihre Energie dann in die Suche nach Lösungen zu investieren. Lageorientierte Menschen bleiben im Lamento über ihr Missgeschick oder die schwierige Lage stecken. Sie grübeln über die Situation nach, statt ins Handeln zu kommen, und sind so in ihre Gefühle verstrickt, dass es ihnen schwerfällt, in angemessener Weise zu reagieren. Die entscheidende Frage lautet für Kuhl daher: »Wie lernt man, seine Gefühle zu steuern?«[144] Idealerweise ist ein Mensch sensibel genug, um sich von Schwierigkeiten beunruhigen zu lassen, gleichzeitig aber auch gelassen genug, seine Sorgen in den Griff zu bekommen und sich anschließend planvoll mit dem Problem auseinanderzusetzen.

Ein Blick in die Praxis bestätigt das. Vielleicht haben Sie schon einmal beobachtet, wie unterschiedlich Mitarbeiter in einer Unternehmenskrise und angesichts drohender Entlassungen reagieren. Manche überhören selbst dröhnende Alarmglocken, andere ringen tatenlos die Hände, und einige nehmen die Situation zwar ernst, schaffen es aber auch, ihre Sorgen relativ rasch beiseitezuschieben und über eigene Lösungswege nachzudenken. Die besten Chancen für die Entwicklung einer solchen Persönlichkeit haben Menschen, die schon in ihrer frühkindlichen Entwicklung die Erfahrung machen, dass ihre Sorgen ernst genommen werden, die aber gleichzeitig Beruhigung und Ermutigung erfahren. Wer diesen Startvorsprung nicht mitbekommen hat, profitiert noch als Erwachsener mehr von verständnisvoller Ermutigung als von oberflächlichen Durchhalteparolen. Wer selbst Mut fassen soll, muss also vorher Ermutigung erfahren haben. Das erklärt auch die Schlüsselrolle

Für die Praxis: Wenn es um Motivation und Leistung geht, hätten wir gerne einfache Plug-and-Play-Lösungen. Welche Knöpfe muss man drücken, damit man selbst oder der Mitarbeiter »motivierter« ist? Ein verständlicher Wunsch, dem leider die komplexe menschliche Psyche einen Strich durch die Rechnung macht. Menschen entwickeln im Laufe ihrer Biografie eine bestimmte Haltung zur Leistung. Sie haben mehr oder weniger Zutrauen in ihre Fähigkeit, Herausforderungen zu meistern, und sie gehen unterschiedlich mit Misserfolgsängsten um. Sie haben frühkindliche Erfahrungen gespeichert und werden durch ihre Umgebung geprägt, die Leistung, Selbstverantwortung und Erfolg mehr oder weniger Bedeutung beimisst. All das lässt sich kaum durch ein paar Motivationsparolen beiseitewischen. Man muss vielmehr sehr genau hinschauen, was der Einzelne braucht: geduldige Ermutigung oder spannende Herausforderungen? Möchte er sich beweisen oder möchte er sich vor allem nicht blamieren? Und ganz grundsätzlich: Ist Leistung überhaupt wichtig für ihn?

von Mentoren in typischen Aufsteigerbiografien (vgl. »Mentoren – Die Paten des Erfolgs« im ersten Teil).

Eine weitere Facette zur Leistungsmotivation trägt Albert Bandura mit seinem Konzept der »Selbstwirksamkeit« bei. Der kanadische Lernforscher interessierte sich dafür, wie sehr Menschen davon überzeugt sind, etwas erlernen oder eine bestimmte Aufgabe lösen zu können. Personen mit hoher Selbstwirksamkeitserwartung trauen sich mehr zu, setzen sich anspruchsvollere Ziele und halten bei der Zielerreichung länger durch. Als Quellen dieser optimistischen Grundhaltung sieht Bandura ähnlich wie Kuhl Zuspruch und Ermutigung durch andere, daneben die Beobachtung, dass Menschen mit ähnlichen Startvoraussetzungen es auch schaffen (»Modelllernen«), vor allem aber eigene Erfolgserfahrungen: Mit jeder bewältigten anspruchsvollen Aufgabe wächst die Zuversicht, auch die nächste Herausforderung meistern zu können. Mit »positivem Denken« allein ist es also nicht getan – man muss auch Tun![145] Vorbilder – wie die Senkrechtstarter aus Teil I – sind dabei nützlich, aber längst nicht alles.

Amerikanisches Erfolgsdenken: Sprenge deine Grenzen!

Vielleicht fragen Sie sich allmählich, warum ich Sie mit all diesen Ansätzen und Erkenntnissen konfrontiere. Ganz einfach, weil das die Hintergrundfolie ist, auf der man den nun folgenden Motivationsansatz beurteilen sollte. Am besten beamen Sie sich dazu 15 Jahre zurück in die Vergangenheit. Es ist die Zeit, in der Motivationstrainer riesige Hallen füllen mit Versprechungen wie »Alles ist möglich!« und »Gesetze der Gewinner«.[146] Jeder kann alles schaffen, wird verkündet. Und so zahlten Zehntausende stolze Eintrittspreise, um anderen beim Stangenverbiegen oder Feuerlaufen zuzuschauen und mit der hoffnungsfrohen Botschaft nach Hause zu fahren, auch man selbst könnte seine Grenzen sprengen und zum Senkrechtstarter werden, wenn man es nur will. Ab sofort geht es nicht mehr um gute Leistungen, sondern um Spitzenleistungen, um das ganz große Ding! Die »Motivationsgurus« beschwören ihr Publikum, in neuen Dimensionen zu denken – alles Weitere wird sich ergeben. Der Niederländer Emile Ratelband feuert sein Publikum mit dem Ruf »Tsjakkaa – Du schaffst es!« an und hat damit das Schlagwort für eine ganze Motivationsbranche kreiert. Über eine eigene Fernsehshow erreicht er in den Jahren 1998 und 1999 ein Millionenpublikum.

Der Hype passt in die Zeit, denn zeitgleich wird die »New Economy« ausgerufen: Turnschuhfirmen entwickeln sich in Windeseile zu Global Playern; die Dot.com-Blase ist noch nicht geplatzt. Wer jetzt nicht nach den Sternen greift, ist selbst schuld. Ganz nebenbei wird Erfolg dabei immer mehr verengt auf finanziellen Erfolg, nicht zufällig, denn viele der Motivationstrainer dieser Couleur waren ursprünglich Verkäufer. In ihren Bühnenshows haben sie sich vom Blick über den großen Teich inspirieren lassen, von der US-amerikanischen Erfolgsphilosophie, die mit unerschütterlichem Optimismus daran festhält, dass jeder es vom Tellerwäscher bis zum Millionär schaffen kann. Vorbild vieler hiesiger Motivationsgurus ist Anthony (»Tony«) Robbins, der sich als Coach für Spitzenleistungen versteht und ganze Stadien bespielt.[147] Seine Bücher tragen Titel wie *Grenzenlose Energie* oder *Das Robbins Power Prinzip*.

Die Klassiker des amerikanischen Erfolgsdenkens verkaufen sich bis heute hervorragend. Dazu zählt Napoleon Hills *Denke nach und werde reich*, im Original 1966 erstmals erschienen. Hill interviewte für sein Buch 500 Dollarmillionäre und destillierte aus diesen Gesprächen *13 Gesetze des Erfolgs* (so der Untertitel)[148]. Laut Verlagswerbung erfahren Sie bei der Lektüre, »wie Sie durch Autosuggestion und den entschlossenen Einsatz Ihrer Fähigkeiten und Ihrer Phantasie reich werden können«. Bis heute hat sich der Band über zehn Millionen Mal verkauft. Ein anderer Topseller ist Dale Carnegies Ermunterung zu positivem Denken mit dem Titel *Sorge dich nicht – lebe!*, 1948 erstmals veröffentlicht und in Deutschland über 1000 (!) Wochen auf der Bestenliste.[149] Verspricht dieses Werk im Untertitel *Die Kunst, zu einem von Ängsten und Aufregungen befreiten Leben zu finden*, dreht sich Carnegies erster Geniestreich aus dem Jahre 1937 *Wie man Freunde gewinnt* um *Die Kunst, beliebt und einflussreich zu werden*.[150]

Wenn Bücher sich über Jahrzehnte ununterbrochen blendend verkaufen, treffen sie offenbar einen Nerv. Sieht man sich weitere Buchtitel aus dieser Tradition an, wird schnell klar, welchen: *Erfolg durch positives Denken, Glaube an dich und werde reich, Sprenge deine Grenzen, Glück ist kein Zufall, Sag ja zum Erfolg!, Das Gewinner-Prinzip, Der Weg zur finanziellen Freiheit, So denken Millionäre: Die Beziehung zwischen Ihrem Kopf und Ihrem Kontostand.* Der letzte Titel ist übrigens 2010 erschienen.[151] Dort erfährt man, dass Reichtum im Grunde reine Einstellungssache ist. Wenn auf Ihrem Konto also gerade Ebbe herrscht, stimmt vielleicht mit Ihrer Haltung etwas nicht?! Es geht immer um das Versprechen der Einfachheit und Mühelosigkeit, und das wirkt bis heute, wie auch der Megaerfolg von Rhonda Byrnes *The Secret – Das Geheimnis* vor wenigen Jahren belegt. Mit 20 Auflagen allein auf Deutsch wird die frohe Botschaft verbreitet: »Wir sind selbst Schöpfer unserer Realität. Die Dinge, die uns im Alltag begegnen, haben wir durch die eigene Gedankenenergie angezogen.«[152] Das ist wohl ein einsamer Höhepunkt der Trivialisierung und esoterischen Verflachung der Frage nach Motivation und Erfolg.

Das Erfolgsdenken ist tief in der amerikanischen Kultur verwurzelt. Ein unerschütterlicher Fortschrittsoptimismus und das Versprechen »Jeder kann es schaffen, wenn er nur will« prägen die Gesellschaft bis heute, auch wenn das Wunschbild im Zuge der jüngsten Wirtschaftskrise Kratzer bekommen hat. All das lässt sich mit der US-Geschichte erklären, mit dem Pioniergeist einer Nation, die einen Kontinent erobert hat und als Schmelztiegel immer wieder Einwanderern aller Herren Ländern Chancen bot, die sie zu Hause nie bekommen hätten. Mancher von ihnen schaffte es tatsächlich aus der Spülküche in die Chefetage. Hinzu kommt: An

Carnegie und seinen Glücksversprechen konnten sich die Menschen nach der »Great Depression« der Dreißigerjahre aufrichten, und sein beeindruckender Erfolg beflügelte weitere Motivationstrainer jenseits und diesseits des Atlantiks. Daran änderte auch die Tatsache wenig, dass einige der Erfolgsgurus der Jahrtausendwende krachend Schiffbruch erlitten und in der Insolvenz oder vor Gericht landeten. Inzwischen füllen Sie langsam wieder Hallen und schreiben wieder Bücher.[153]

Individuelle Hemmnisse? Unbewusste Antreiber? Unterschiedliche familiäre Prägungen? Verschiedene Werte und Lebensmotive? Angst vor Misserfolg? Negative Lernerfahrungen? Geringere oder höhere Leistungsorientierung? Forget it! In der Welt der Motivationsgurus ist alles ganz einfach, man muss nur wollen und die Gesetze der Gewinner kennen. Diese Gesetze sind längst ins Alltagsbewusstsein eingesickert und prägen das Verständnis von Motivation bis in die Führungsetagen der Unternehmen. Es lohnt sich also, genauer hinzuschauen: Könnte alles tatsächlich so einfach sein? Dem gehen wir im nächsten Kapitel auf den Grund.

● **Für die Praxis:** Im öffentlichen Bewusstsein spielen die einfachen Thesen der Motivationsgurus amerikanischer Prägung eine weit größere Rolle als die differenzierten Erkenntnisse der Motivationspsychologie. Simple Erfolgsgesetze bestimmen das Alltagsdenken darüber, wie Motivation funktioniert, und beeinflussen auf diese Weise Erwartungen und Handlungsweisen im Beruf wie im Privatleben. Es lohnt sich daher, die wichtigsten Glaubenssätze des amerikanischen Erfolgsdenkens unter die Lupe zu nehmen.

Zehn Motivationsmärchen, die Sie besser nicht glauben

Die in diesem Kapitel diskutierten Motivationsthesen haben Sie sehr wahrscheinlich alle schon mal gehört. Männermagazine und Frauenzeitschriften, Tageszeitungen und Werbeblättchen verbreiten die Botschaften der Küchenpsychologie: »Glaub an dich! Setz dir Ziele! Schreibe auf, was du erreichen willst!« und dergleichen mehr. Wenn Sie Pech hatten, beschränkte sich das einzige Motivationsseminar, das Sie je besucht haben, auf derartige Parolen. Und vielleicht haben Sie inzwischen ernüchtert festgestellt, dass es doch nicht ganz so leicht ist, seine persönlichen Grenzen zu sprengen. Vielleicht sitzen Sie immer noch auf demselben Bürostuhl und ärgern sich immer noch mit demselben Chef herum, obwohl die Rezepte fulminanter Erfolge doch angeblich auf der Hand liegen und für jeden umsetzbar sind. Trösten Sie sich: Möglicherweise liegt es nicht an Ihnen, sondern an den Rezepten. Ich möchte lieber nicht darüber spekulieren, was aus manchem Senkrechtstarter geworden wäre, hätte er auf die simplen Thesen selbst ernannter Motivationsgurus vertraut. Kaum vorstellbar, dass Richard Branson sich eine Zielcollage bastelt, VW-Chef Winterkorn sich durch Tsjakkaa-Rufe anfeuern lässt oder Estée Lauder ihr Kosmetikimperium erbaulichen Motivationssprüchen verdankt. Das Verführerische solcher Parolen liegt in dem Versprechen, dass alles ganz einfach ist, jeder es schaffen kann und ein bisschen Mentalzauber schon ausreicht. Hinzu kommt: Vieles, was in großen Hallen wie kleinen Seminarräumen propagiert ist, ist nicht völlig falsch. Aber es ist eben nur die halbe Wahrheit. Sind Sie bereit für die andere Hälfte?

Alles ist möglich! – Inklusive Bankrott, Burn-out und Betrug

Tsjakkaa-Trainer suggerieren gern: Alles, was du denken kannst, kannst du auch tun. Alles ist möglich! Das ist auch der Titel eines Bestsellers der ausgehenden Neunzigerjahre zum Thema Motivation und Erfolg. Der Autor des Buches belegte seine Titelthese einige Jahre später auf desillusionierende Weise: Wegen »Untreue und vorsätzlichen Bankrotts« wurde er zu einer Freiheitsstrafe von drei Jahren ohne Bewährung verurteilt.[154] Er teilt das Schicksal eines jähen Absturzes mit anderen Senkrechtstartern, mit den Madoffs und Gökers dieser Welt, die während ihrer Höhenflüge als lebender Beweis der Alles-ist-möglich-Philosophie galten und deren Bruchlandungen gehörig Staub aufwirbelten. Dem naiven Erfolgsversprechen hat das indes nicht geschadet.

»Alles ist möglich«, das klingt verheißungsvoll. Warum bloß glauben das auch Menschen, die gleichzeitig ihrem Sohn die Schauspielkarriere mit aller Macht ausreden wollen und dafür sind, dass die Tochter »erst mal was Solides« lernt, statt Modedesign zu studieren? Man glaubt es gern, weil man es glauben möchte. Es schmeichelt dem eigenen Ego und es weckt Hoffnung, wenn ein selbst ernannter Motivationsguru schreibt: »Nicht die fachliche Qualifikation allein oder das Handeln nach ausgeklügelten Managementstrategien ist letztendlich ausschlaggebend für den Erfolg, sondern vielmehr die persönliche Ausstrahlung.« Natürlich ist das Unsinn. Ich selbst könnte mir gerne vornehmen, der neue Mark Zuckerberg zu werden und die nächste Revolution im Internet einzuleiten. Natürlich eine, die mich steinreich macht. Ich versichere Ihnen: An der Ausstrahlung soll es nicht scheitern. Alles Weitere wird allerdings schwierig, denn mit IT kenne ich mich nicht so aus, und mit Social-Media-Strategien sieht es nur wenig besser aus. Niemand kann alles erreichen, nur weil er es auch denken kann – auch wenn derselbe Autor tapfer behauptet, »die einzig wirklichen Feinde des Menschen [sind] seine eigenen negativen Gedanken«.[155] Ich beispielsweise spiele gern und gar nicht mal schlecht Tennis. Aber es sind mehr als negative Gedanken, die mich daran hindern, auf dem Tennisplatz der nächste Boris Becker zu werden, und damit meine ich nicht nur mein kaputtes linkes Knie und meinen mangelnden Trainingseifer.

Als ultimativer Beweis für ihre Alles-ist-möglich-These gelten den Tsjakkaa-Gurus Durchschnittsmenschen, die in ihren Shows scheinbar Unmögliches vollbringen, über glühende Kohlen laufen oder Metallstangen verbiegen. Beides natürlich nur nach gründlicher mentaler Vorbereitung durch den Motivationstrainer, und beides in Wahrheit schlichte Physik, wie weiter unten am Beispiel des Feuerlaufens erläutert wird. Derartige Mutproben beweisen vor allem eines: Vielen Menschen ist mehr möglich, als sie denken. Das ist aber etwas ganz anderes als »*Alles* ist möglich!« oder gar »*Allen* ist *alles* möglich!«, wie das Motto gern missverstanden wird. Die Motivationsshows versetzen Teilnehmer kurzfristig in eine euphorische Stimmung, ähnlich wie ein gutes Rockkonzert. Mit etwas Glück hält die Wirkung noch ein bisschen an, bevor einen der Alltag wieder einholt. Ein Strohfeuer also, aber keine dauerhafte Motivationsstrategie, die jedermann befähigt, Berge zu versetzen.

Feuerlaufen: Wie funktioniert das eigentlich?

Was das Feuerlaufen zum Renner in Motivationsseminaren macht, ist die archaische Angst des Menschen vor dem Feuer. Jedes Kind wächst mit dem Warnruf »Heiß!!« auf, und fast jedes hat sich einmal die Finger verbrannt, wenn nicht mehr. Verbrennungen sind schmerzhaft. Der Scheiterhaufen ist eine grausame Hinrichtungsform; und Schneewittchens Stiefmutter muss in glühenden Pantoffeln tanzen, bis sie tot umfällt. Wir haben diese Erfahrungen und Bilder gespeichert. Wer wollte da bestreiten, dass es Mut braucht, über einen Teppich von glühenden Kohlen zu gehen? Was es indes nicht braucht, ist eine rituelle Einstimmung, ein teures Seminar zur mentalen Vorbereitung. Sie können einfach die Hosenbeine hochkrempeln und loslaufen. So machen es etwa zwei Dutzend Dorfbewohner im spanischen Örtchen San Pedro Manrique jedes Jahr in der Johannisnacht, bevor sie den Rest der Nacht durchtanzen (ohne Kohlen). Feuerlaufen ist reine Physik: Gelaufen wird über Holzkohle, die ein schlechter Wärmeleiter ist und weniger heiß, als von Feuerlaufverkäufern häufig behauptet. Ein Glutteppich erreicht zwischen gut 200 und 400 Grad, nicht »bis zu 1000«. Solange die Füße den Kohleteppich nur kurz berühren und gleichmäßig aufgesetzt werden, kann man gefahrlos ein paar Meter darübergehen. Außerdem wird durch den Fuß die Sauerstoffzufuhr kurz unterbrochen und die Hitze gehemmt. Deshalb kommt es auch zu »kalten Fußspuren« im Kohleteppich. Wichtig ist, dass der Feuerläufer weder rennt noch auf Spitzen geht, denn beides erhöht den Druck auf bestimmte Fußpartien. Außerdem muss der Glutteppich gleichmäßig und frei von Fremdkörpern sein. »Ein schadloses Überqueren der Holzkohlenglut« sei auch »ohne Vorbereitungszeremoniell, ohne jegliche psychophysische Ausnahmezustände und ohne Verknüpfung mit Glaubensinhalten möglich«, vermeldete der *Spiegel* schon vor Jahren.[156]

»Alles ist möglich!« fällt auch deswegen auf fruchtbaren Boden, weil ähnliche Gedanken in der abendländischen Tradition immer wieder formuliert wurden. »Alles ist möglich dem, der glaubt!«, heißt es schon in der Bibel.[157] »Tu erst das Notwendige, dann das Mögliche, und plötzlich schaffst du das Unmögliche«, ermutigte Franz von Assisi, und »Man muss das Unmögliche versuchen, um das Mögliche zu erreichen«, postulierte Hermann Hesse. Nur: Das Moment der Anstrengung, des stetigen Strebens, dass diese Denker mitformulieren, ging auf dem Weg in die großen Hallen irgendwo verloren. Damit kommen wir zum wahren Kern dieser Motivationsparole. Im ersten Teil des Buches wurde deutlich, dass es aber genau darauf ankommt. Natürlich gibt es Grenzen im Kopf, die den Erfolg behindern können, und natürlich kann man mehr erreichen, wenn man bei Problemen fragt »Wie könnte es gehen?«, statt gleich zu behaupten: »Das kann nicht funktionieren!« Es ist förderlich für Erfolg,

- die eigene Energie in die Suche nach Lösungen zu investieren statt in das Lamento über Hindernisse und Schwierigkeiten,
- schwierige Aufgaben mit Zuversicht anzugehen und Selbstzweifel auch mal beiseitezuschieben, statt sich davon lähmen zu lassen,
- sich ambitionierte Ziele zu setzen und darauf hartnäckig und systematisch hinzuarbeiten, statt resignativ im Status quo zu verharren.

Die meisten Menschen überschätzen tatsächlich, was in einem Jahr möglich ist, und sie unterschätzen, was in zehn Jahren möglich ist. Im zweiten Kapitel haben wir gesehen, dass viele vermeintliche »Senkrechtstarter« in Wahrheit lange und kontinuierlich auf

---

Der faule Zauber: »Du kannst alles erreichen, wenn du nur wirklich willst.« Das ist Bullshit. Jeder von uns hat Grenzen, körperliche, mentale, intellektuelle, finanzielle … Es kann definitiv nicht jeder Astronaut, Millionär oder auch nur Frauenschwarm werden.

Der wahre Kern: In den meisten von uns steckt mehr, als wir denken und uns zutrauen. Vielen Menschen täten eine optimistischere Grundhaltung und mehr Zutrauen in die eigenen Fähigkeiten gut. Wer die Messlatte etwas höher legt und mutig handelt, erreicht mehr als jemand, der zu früh aufgibt. Insofern ist »Alles ist möglich!« eine positive Provokation, die (typisch deutsches?) Miesmachertum und »Das haben wir noch nie so gemacht!«-Lethargie infrage stellt.

3 Dinge, die wirklich helfen:

- Werden Sie sich über Ihre persönlichen Stärken und Wünsche klar und setzen Sie sich Ziele, die dazu passen.

- Suchen Sie sich in diesem Bereich ambitionierte Vorbilder und analysieren Sie, wodurch diese konkret so erfolgreich wurden. Prüfen Sie, was Sie von ihnen lernen können.

- Arbeiten Sie kontinuierlich an Ihren Fähigkeiten und Ihrem Erfolg. Haben Sie Geduld, bleiben Sie hartnäckig!

ihren Erfolg hingearbeitet haben. So entsteht Nachhaltigkeit, kein rasch herunterbrennendes Strohfeuer und auch keine grelle Erfolgskulisse, die irgendwann nur noch mit betrügerischen Machenschaften aufrechtzuerhalten ist. Und nur so bleibt ein Katzenjammer aus, weil der Feuerlauf sich doch nicht im forschen Durchmarsch in die Chefetage fortsetzt.

Tsjakkaa! – Urschrei-Therapie für Versager

Das Fantasiewort »Tsjakkaa« wurde zum Synonym für eine ganze Branche aufpeitschender Motivationsprediger und schaffte es sogar bis in den *Duden*, wie sein Erfinder stolz vermeldet. Kreiert hat den Triumphschrei der Niederländer Emile Ratelband, der seinen Kritikern auf seiner Homepage schlicht Neid unterstellt.[158] Mit »Tsjakkaa – du schaffst es!« spornt er seine Zuhörer bis heute an, ihre Grenzen zu überwinden. Zeitweise versuchte er das in einer gleichnamigen Fernsehshow bei RTL2, in der er Teilnehmern vor laufender Kamera die Angst vor Spinnen, Höhen oder offenen Plätzen austrieb. Längst ist sein Kampfschrei auch zu »Tschakka« eingedeutscht. Aber hilft Schreien wirklich?

Jein. Um kurzfristig Ängste zu dämpfen, ist lautes Schreien durchaus nützlich. Krieger, die zu Beginn einer Schlacht aufeinander zulaufen, brüllen dabei aus voller Kehle. Das haben wir in Spielfilmen (und glücklicherweise nur dort) so oft gesehen, dass es uns ganz selbstverständlich erscheint, gleichgültig, ob der Kampf im Neandertal, in einem der vielen Kriege dieser Welt oder im Weltall tobt. Auch wer den Nervenkitzel beim Bungee-Jumping oder ähnlichen Grenzerfahrungen sucht, brüllt häufig aus voller Kehle, wenn er abspringt. Schreien dient der kurzfristigen Spannungsabfuhr. Ob es nachhaltig wirksam ist und langfristig für mehr Erfolg sorgt, mag man mit Fug und Recht bezweifeln. Erfolg setzt in der Regel Leistung voraus, und Leistung setzt im Allgemeinen Konzentration voraus.

Wer Spitzensportler vor dem Wettkampf, Showstars vor dem Gang auf die Bühne oder Top-Manager vor dem großen Auftritt auf der Aktionärsversammlung beobachtet, könnte daher lange suchen, ohne einen einzigen Tsjakkaa-Schreier zu finden. Als Redner und Moderator habe ich genügend Veranstaltungen absolviert, um zu wissen, wie die Top-Performer sich vor großen Auftritten verhalten. Sie sind ganz bei sich, kommen zur Ruhe, konzentrieren sich. Manche gehen den Auftritt in Gedanken noch einmal durch, andere haben ein stilles Ritual entwickelt, atmen tief durch, beten oder legen den Kopf in die Hände und schließen die Augen. Sie alle sind nervös, haben Angst (und »Lampenfieber« ist nur ein beschönigendes Wort genau dafür). Doch ihr Verhalten ist exakt das Gegenteil hektischen Tsjakkaa-Geschreis. Tsjakkaa putscht emotional auf. Die Spitzenleister dagegen sind bemüht, ihre Emotionen in den Griff zu bekommen.

Deswegen ist der Haka-Tanz, für den das neuseeländische Rugby-Team berühmt und berüchtigt ist, auch vorwiegend ein Einschüchterungsritual. Dass der angebliche Maori-Kriegstanz diesen Zweck erfüllt, kann man sich bei YouTube anschauen. Im Endspiel des Rugby World Cup Final zwischen Neuseeland und Frankreich 2011 wirken die braven Franzosen vor dem Anpfiff arg konsterniert angesichts einer Horde stampfender, kreischender und martialische Grimassen schneidender Gegner. Neuseeland gewann knapp mit 8 zu 7 und wurde Rugby-Weltmeister.[159] Allerdings war es ein Heimspiel für Neuseeland; vielleicht hätte es daher auch ohne Haka geklappt. Spielerische Kompetenz schadet nicht: Bayern München dominiert die Fußball-Bundesliga ganz ohne einstimmende Kriegstänze. Und schließlich: Was beim Rugby funktioniert, könnte in der Vorstandsetage, Abteilungssitzung oder Elternversammlung doch eher hinderlich sein.

Zu »therapeutischen« Zwecken wurde Schreien außer in Tsjakkaa-Shows in der sogenannten Urschreitherapie eingesetzt, einer Modetherapie der Siebzigerjahre, der sich auch John Lennon und Yoko Ono unterzogen. Erfunden hat diese Therapieform der US-

- **Der faule Zauber:** Wer Tsjakkaa schreit, wird unbesiegbar. Er spornt sich zu großen Leistungen an, so das »Du schaffst es!«-Versprechen. Das stimmt so nicht, denn Schreien gibt allenfalls einen kurzen Kraftimpuls. Möglicherweise ist der Tsjakkaa-Schrei deswegen so beliebt, weil er als euphorisches Erlebnis, als Überlegenheitsgeste, als Aufbegehren gegen eigene Ängste empfunden werden kann. Ein solcher Schrei gibt einen kurzen Schub, man fühlt sich eine Sekunde lang unbesiegbar. Doch der Effekt verpufft, er hat keine Nachhaltigkeit.

- **Der wahre Kern:** Ein Ritual vor großen Herausforderungen kann die Angst dämpfen und die Konzentration fördern.

3 Dinge, die wirklich helfen:

- Lernen Sie einfache Entspannungstechniken, um Ihre Nervosität in den Griff zu bekommen. Drei Mal tief in den Bauch zu atmen und bewusst auszuatmen ist wirksamer als jedes Tsjakkaa-Geschrei.

- Erinnern Sie sich an einen Schlüsselmoment, in dem Sie erfolgreich waren. Malen Sie sich diese Situation so plastisch wie möglich aus und verbinden Sie sie mit einem Gegenstand, den Sie bei sich tragen (z. B. Ihrer Armbanduhr, einem kleinen Gegenstand in Ihrer Hosentasche). Berühren Sie den Gegenstand und rufen Sie dieses Erlebnis ab. Psychologen nennen das »Ankern«.

- Suchen Sie seriöse therapeutische Hilfe, wenn Sie merken, dass Sie von Ängsten ausgebremst werden.

Psychologe Arthur Janov, der davon ausging, dass vorgeburtliche und frühkindliche Traumata in einer Art »Urerlebnis« bewältigt und psychische Störungen auf diese Weise geheilt werden könnten. Die Therapie dient dazu, dieses »primäre Erlebnis« gezielt herbeizuführen (daher auch »Primärtherapie«). Dabei wurden Atemtechniken, Medikamente, Druck auf den Brustkorb und andere Manipulationen eingesetzt, um schließlich ein schmerzhaftes und häufig von einem Schrei begleitetes Durchleben des Traumas zu provozieren. Die Urschreitherapie wurde wissenschaftlich nie anerkannt, hat ihre Boomzeit lange hinter sich und wird heute sehr kritisch gesehen.[160] Auch hier soll der Schrei von Zwängen und Ängsten befreien. Bei Licht besehen ist das jedoch etwas anderes, als sich auf Erfolg zu polen. Schreien dient hier angeblich dazu, wieder »normal funktionsfähig« zu werden, ähnlich wie in der

RTL-Tsjakkaa-Show. In der Diktion der Motivationsgurus: Es sind eher Verlierer, die schreien, nicht die Siegertypen.

Positiv Denken! – Selbstbetrug statt Aufbruchstimmung

Etwa 65 Prozent der Deutschen glauben an die Kraft des positiven Denkens, schreibt ein Kollege von mir im Web.[161] Sie wundern sich, warum Ihnen immer die restlichen 35 Prozent über den Weg laufen, die Menschen, die sich Sorgen machen und auch mal schwarzsehen? Seien Sie froh! Die Ersatzreligion des »Positiven Denkens« ist im besten Fall unschädlich, im schlimmsten Fall eine gefährliche Realitätsflucht. Mit »positivem Denken« ist hier nicht gesunder Optimismus gemeint, also eine im Großen und Ganzen zuversichtliche Lebenshaltung, die Probleme ernst nimmt, sich aber nicht von ihnen überwältigen lässt. »Positives Denken« ist ein Gedankengebäude, das davon ausgeht, positive Autosuggestionen und gute Gedanken führten (mit kleinem Umweg über das sogenannte Unterbewusstsein) automatisch und quasi naturgesetzlich zu mehr Erfolg und Lebensglück.

Als einer der Väter positiven Denkens gilt Joseph Murphy, 1898 in Irland geboren und jahrzehntelang Vorstand der »Church of Devine Science« in Los Angeles. Sein Hauptwerk ist *Die Macht Ihres Unterbewusstsein*, ein dickes Buch über etwas, das es im Verständnis der akademischen Psychologie gar nicht gibt, denn die spricht nur vom »Unbewussten«. Ob da noch etwas darunterliegt, ist höchst fragwürdig, aber wir wollen nicht kleinlich sein. Problematischer sind die Botschaften des Werkes, das sich allein in Deutschland mehr als 2,5 Millionen Mal verkaufte.[162] Einige Kostprobe:

1. »Das Unterbewusstsein spricht zu Ihnen mit der Stimme des Gefühls, der Intuition, der Idee. Das Unterbewusstsein ist ein innerer Kompass – lassen Sie sich von ihm leiten.«

2. »Jeder negative Gedanke schadet uns. Wie oft haben Sie sich schon selbst durch Zorn, Furcht, Eifersucht und Rache verletzt? Das sind die Gifte, die Ihr Unterbewusstsein verseuchen.«

3. »Sagen Sie niemals: ›Das kann ich mir nicht leisten‹ oder ›Das kann ich nicht‹. Ihr Unterbewusstsein nimmt Sie beim Wort und sorgt dafür, dass es Ihnen wirklich an den nötigen Mitteln oder Fähigkeiten fehlt.«

4. »Das einzige Heilprinzip, das existiert, ist der Glaube. Es gibt nur eine Heilkraft, und deren Quelle ist Ihr Unterbewusstsein.«

5. »Malen Sie sich die Erfüllung Ihres Wunsches in kräftigen Farben aus und betrachten Sie ihn als bereits verwirklicht. Wer die nötige Ausdauer und Konzentration mitbringt, wird nicht lange auf den Erfolg warten müssen.«[163]

Fünf Zitate von Dr. Murphy und gleich fünf gefährliche Ideen auf einmal:

- **Zu 1.:** Das Unbewusste heißt unbewusst, weil es dem Bewusstsein eben nicht zugänglich ist. Als zuverlässiger Kompass scheidet es daher aus. Man kann das nur so verstehen, dass man spontanen Regungen und Eingebungen unkritisch nachgeben soll. Das ist das Lebensprinzip eines Säuglings und für Erwachsene nicht ganz ungefährlich.

- **Zu 2.:** Wer immer gut drauf ist, kann nicht ganz dicht sein. Negative Erlebnisse bewältigt man nicht dadurch, dass man sie verleugnet, sondern dadurch, dass man sich ihnen stellt.

- **Zu 3.:** Eine prima Lebensphilosophie für Hochstapler und Bankrotteure, die geradewegs in die völlige Perversion positiven Denkens führt: Erst Mist bauen, um dann positiv zu denken, dass alles wieder gut wird.

- **Zu 4.:** Im Umkehrschluss bedeutet das: Wer krank ist, hat selbst Schuld daran. Er hat schlicht bei der Mobilisierung seines »Unterbewusstseins« versagt. Wer braucht da noch eine Chemotherapie?!

- **Zu 5.:** Nur, weil ich mir etwas wünsche und intensiv ausmale, verbiegt sich die Realität nicht automatisch zu meinen Gunsten. Ich spreche aus Erfahrung: Als mein Finanzamt mich vor Jahren mit einer horrenden Steuernachforderung an den Rand des Ruins brachte, habe ich es ausprobiert. Trotz aller Gedankenspiele musste ich die Ärmel aufkrempeln und hart arbeiten, um wieder in die schwarzen Zahlen zu kommen.

Sehen Sie mir die Polemik nach. Ich kann nicht anders, denn die schlichten Erfolgsthesen des »Positiven Denkens« machen mich jedes Mal zornig. Als gläubigen Christen empört mich der sozialdarwinistisch-menschenfeindliche Kern dieses Ansatzes: Jeder, der krank, schwach oder auch nur mies drauf ist, trägt selbst die Schuld daran. Er hat sich eben nicht genügend angestrengt, positiv zu denken, und muss nun die Folgen tragen. Als Psychologe finde ich die simplen Erfolgsweisheiten gefährlich, weil sie zur Realitätsflucht einladen und gerade bei labilen Menschen auf fruchtbaren Boden fallen. »Positives Denken« hat Rattenfängerpotenzial, weil es mühelose Linderung verspricht. Das böse Erwachen ist dann umso schmerzhafter. Dazu passt, dass eine Studie der University of Waterloo zu dem Schluss kommt, dass die von Positivdenkern propagierten Autosuggestionen (»Ich bin eine liebenswerte Person« u. Ä.) gerade bei Menschen mit wenig Selbstbewusstsein die Stimmung messbar verschlechtern.[164] Wenn man nur positiv denkt und nicht ins Handeln kommt, ist der Frust vorprogrammiert und »Positives Denken« kann krank machen, wie der Psychotherapeut Günter Scheich zu Recht warnt.[165] Schmerz und schwierige Phasen gehören zum Leben dazu, und im Rückblick sind es häufig diese Zeiten, in denen wir uns persönlich weiterentwickeln und aus denen wir gestärkt und gereift hervorgehen. Vielleicht lassen Sie Ihr

Leben unter diesem Gesichtspunkt einmal Revue passieren. Ein naives »Alles wird gut«-Denken dagegen verhindert, dass man Schwierigkeiten anpackt, und blockiert auf diese Weise persönliches Wachstum. Resultat ist ein künstlich aufgepumptes Ego, das irgendwann in sich zusammenfällt.

Das Märchen von der Hummel

Eine der Lieblingsgeschichten der Positivdenker geht so:

Eine Hummel hat 0,7 cm² Flügelfläche und wiegt 1,2 Gramm. Nach den Gesetzen der Aerodynamik ist es der Hummel völlig unmöglich, zu fliegen. Doch die Hummel weiß das nicht – sie tut es trotzdem und fliegt einfach! Motivationsmoral von der Geschicht: Geht nicht, gibt's nicht! Und: Wer sagt »Ich kann nicht«, setzt sich nur selbst Grenzen! Diese schlichte Logik wirft eine Reihe von Fragen auf:

- Ist es hilfreich, sich mit einem Insekt zu vergleichen?
- So what!? Oder wollen Sie fliegen lernen? Und last, but not least:
- Stimmt das überhaupt?

Im Sommer 2013 lüftete Fanta 4-Musiker Thomas D in *Wissen vor Acht* das Geheimnis des Hummelflugs: Der Aerodynamiker, den die Hummel in den Dreißigerjahren so verblüffte, übersah ein wesentliches Detail: Anders als ein Flugzeug hat die Hummel *bewegliche* Flügel. »Die Flügel der Hummel schlagen ununterbrochen, bis zu 200 Mal in der Sekunde. Sie drehen und verwinden sich. Und die Hummelflügel erzeugen auch Luftwirbel. Und diese Wirbel … wir erinnern uns: Physik 6. Klasse … erzeugen Auftrieb. Wie bei einem Tornado: die Luftwirbel saugen den Flügel in die Höhe.«[166] Moral von der Geschicht: Fast alles ist möglich. Aber nur, wenn man sich kräftig bewegt!

Das Körnchen Wahrheit beim positiven Denken besteht darin, dass eine optimistische Lebenshaltung hilft, Schwierigkeiten anzugehen und zu meistern. Doch während Positivdenken zur Realitätsflucht einlädt, stellt sich »gesunder« Optimismus der Realität. Und während Positivdenken die Zukunft einfach rosarot malt, erwächst förderlicher Optimismus aus der erfolgreichen Bewältigung von Schwierigkeiten in der Vergangenheit. Es wird kein künstlich aufgepumptes Ego benötigt, das beim kleinsten verletztenden Nadelstich jederzeit platzen kann, sondern eine gesunde Selbstwirksamkeitsüberzeugung.

Wer sich vergegenwärtigt, welche Herausforderungen er schon gemeistert hat, kann daraus die Zuversicht schöpfen, es auch beim nächsten Mal zu schaffen. Selbstberuhigung ist also durchaus nützlich; das haben wir ja schon im letzten Kapitel bei Julius Kuhl und seinem Konzept der Handlungs- und Lageorientierung gesehen. Das ist aber etwas anderes als die Vogel-Strauß-Politik des positiven Denkens.

- **Der faule Zauber:** »Erfolg entsteht im Kopf«, so die These. Doch bei den meisten Menschen bleibt er auch dort. Wer positiv denkt, programmiert sein »Unterbewusstsein« angeblich auf Erfolg und lebt allein durch die Kraft seiner Gedanken glücklicher, erfolgreicher und gesünder.

- **Der wahre Kern:** Eine optimistische Grundhaltung hilft, Herausforderungen zu meistern. Und man kann trainieren, sich nicht von Grübeleien und negativen Gedanken überwältigen zu lassen – siehe den nächsten Punkt.

3 Dinge, die wirklich helfen:

- Schreiben Sie ein Erfolgstagebuch. Diese Empfehlung stammt aus der »Positiven Psychologie« Martin Seligmans – nicht zu verwechseln mit dem »Positiven Denken«. Die Positive Psychologie sucht (im Unterschied zur Klinischen Psychologie) nicht danach, was uns krank macht, sondern danach, was gesunde Menschen gesund hält. Sich jeden Tag, beispielsweise vor dem Schlafengehen, mindestens drei erfreuliche Punkte zu notieren, zum Beispiel

  - was heute gut war,

  - worüber Sie sich gefreut haben,

  - was Ihnen gut (oder besser als vorher) gelungen ist,

  - wem Sie eine Freude gemacht haben,

  - wer Ihnen eine Freude gemacht hat,

  lenkt Ihre Aufmerksamkeit auf die schönen Dinge des Lebens und verbessert Ihr Wohlbefinden. Negatives können Sie dann leichter verkraften, ohne es verleugnen zu müssen wie die Positivdenker.

- Nehmen Sie Krisen an und akzeptieren Sie, dass ein Leben ohne Schmerz und Leid nicht möglich ist. Sorgen Sie dafür, dass es in Ihrem Leben Menschen gibt, die Ihnen in solchen Situationen beistehen.

- Verlieben Sie sich niemals in Ihre eigene Imagebroschüre! Eine positive Selbstdarstellung hilft in vielen Situationen. Trotzdem sollten Sie nicht alles glauben, was Sie sagen, wenn Sie Ihren Chef oder die Blondine am Nebentisch beeindrucken wollen.

Ziele setzen! – Es könnte alles so einfach sein, ist es aber nicht

Ziele sind der Motivationsmythos schlechthin. Wer etwas erreichen möchte, hat danach schon die halbe Arbeit geschafft, wenn er präzise formuliert, was er will. Die andere Hälfte erledigt dann sein »Unterbewusstsein« (siehe oben): »Ihr Unterbewusstsein ist ein Riese, der die Befehle Ihres Bewusstseins ausführt. Übergeben Sie Ihre Ziele diesem Riesen, und Sie werden wie von Geisterhand anfangen, das Ziel zu erreichen!«, behauptet ein Experte für »Egometrie« auf seiner Website www.powersubliminals.de. Versprochen wird ein Ergebnis der Weltraumforschung, die auch »das Militär« anwendet. Fragen Sie mich bitte nicht, welches Militär oder was Egometrie ist.[167] Ansonsten sollten Sie nur auf diese Methode setzen, wenn Sie tatsächlich an Geister glauben.

Aber auch ohne esoterisches Geschwurbel wird der Effekt von Zielen häufig verkürzt dargestellt. Dass Ziele »smart« sein sollen, um handlungsleitende Wirkung zu entfalten, also schriftlich, *mess*bar, *a*usführbar, *r*ealistisch, *t*erminiert, hat sich immerhin herumgesprochen. Was jedoch fehlt, ist der emotionale Faktor: Damit Ziele tatsächlich etwas bewirken, müssen Sie für den Handelnden subjektiv bedeutsam sein. Das gilt übrigens auch für Ziele, die im Unternehmenskontext formuliert werden, entlang der bekannten Methode des MbO, Management by Objectives. Es nützt nichts, ein Ziel vorzugeben, dass den Betroffenen links am Allerwertesten vorbeigeht. Nur Zahlen vorzugeben reicht ebenso wenig, wie blumige Visionen zu malen, die die Herzen der Mitarbeiter nicht erreichen. Es mag ja sein, dass Google-Enthusiasten sich der offiziellen Google-Mission verpflichtet fühlen, »das Wissen der Welt« zu organisieren und zur Verfügung zu stellen.[168] Aber fühlt sich ein Banker wirklich beflügelt, wenn es heißt »Erstklassige Lösungen für Unternehmen und institutionelle Kunden von einem der führenden Institute im Investment Banking«, wie die Deutsche Bank einst schrieb?[169] Die Unternehmenspraxis krankt zudem häufig daran, dass nur der Chef die Ziele des Unternehmens kennt, auch wenn er möglicherweise der Meinung ist, sie müssten doch allen klar sein. (Sind Sie eigentlich sicher, dass Ihre Mitarbeiter wissen, wohin die Reise gehen soll? Vielleicht fragen Sie sicherheitshalber mal – oder besser, Sie lassen jeden seine Zielvorstellung im nächsten Meeting anonym notieren und vergleichen die Mutmaßungen.) Schwierig wird es auch, wenn Zielkonflikte tapfer ausgeblendet bleiben, wenn etwa Kosten gesenkt und Serviceleistungen ausgebaut werden sollen, Schnelligkeit Trumpf ist und gleichzeitig Topqualität versprochen wird. Solche Ziele spornen nicht an, sondern machen zynisch.

Die meisten Studien befassen sich überdies mit der positiven Wirkung kurzfristiger Ziele. Sie belegen, dass Ziele einen positiven Einfluss haben auf erstens die Handlungsrichtung, zweitens die Handlungsintensität und drittens die Handlungsausdauer. Die viel zitierte »Harvard-Studie« indes, die den Zusammenhang von schriftlich fixierten Berufszielen und positiver Einkommensentwicklung belegen soll, ist ungefähr so real wie die sagenumwobene Vogelspinne in der Yucca-Palme (siehe Beispiel).

Die mysteriöse Harvard-Studie

In den Achtzigerjahren wurden Harvard-Absolventen angeblich befragt, ob sie konkrete berufliche Ziele hätten. Die Mehrheit verneinte das:

- 83 Prozent hatten keine konkreten Ziele.
- 14 Prozent hatten berufliche Ziele, diese jedoch nicht schriftlich festgehalten.
- Nur 3 Prozent der Absolventen hatten klare Ziele und diese auch schriftlich fixiert.

20 Jahre später wurden die Absolventen erneut befragt. Die Gruppe, die klare Ziele im Kopf hatte, erzielte ein dreimal so hohes Einkommen wie die Gruppe ohne Ziele. Die 3 Prozent, die ihre Ziele aufgeschrieben hatten, verdiente sogar zehn Mal so viel![170]

Ich will Sie nicht mit Kleinigkeiten nerven, etwa der Frage, wie viele Absolventen genau befragt wurden, ob die Studie repräsentativ ist, worauf das Einkommen der 3 Prozent Spitzenverdiener beruht, ob man hier Faktoren wie Erbschaften herausgerechnet hat usw. Kann man sich alles sparen, denn die ominöse Studie hat es nie gegeben. Doch die Geschichte ist so schön, dass Hunderte von Erfolgsaposteln sie weitergetragen haben – eben genauso schön wie die Story von der Yucca-Palme, aus deren Topf es jedes Mal quietscht, wenn sie gegossen wird – bis schließlich ein Biologen-Kommando anrückt und eine riesige Spinne aus dem Topf befreit. In Trainerkreisen werden mittlerweile schon ganze Schampuskisten darauf verwettet, dass niemand das Original der »Harvard-Studie« auftreiben kann.

Ziele aufzuschreiben allein reicht nicht aus, um positive Wirkungen zu erzielen. Die Ziele müssen emotional anspornend sein – denken Sie an die Fitnessneulinge in Teil I, die dann länger als nur ein paar Wochen das Studio aufsuchten, wenn sie frisch getrennt und auf der Suche nach einem neuen Partner waren. Außerdem bewährt es sich, einen klaren Handlungsplan zu formulieren, die Zielerreichung also auf Arbeitsschritte herunterzubrechen. Idealerweise suchen Sie sich dann noch einen Verbündeten im Kampf gegen den inneren Schweinehund, jemand, der Sie anspornt, aber auch kontrolliert und Sanktionen verhängt, wenn der Schweinehund gesiegt hat. Hilfreich sind außerdem positive Vorbilder, die zur Identifikation einladen. Und am allerwichtigsten und grundlegend ist es, sich erst einmal seine Ausgangssituation bewusst zu machen. Die schonungslose Analyse des Ist-Zustands wird oft zugunsten der Flucht in eine visionäre Zukunft gescheut, privat wie in Unternehmen. Summa summarum ergibt das ein 5-W-Prinzip:

Tabelle 2 Das 5-W-Prinzip der Zielerreichung

1. Was?	Was ist der Ausgangszustand und was wollen Sie ändern? (Ist-Analyse und daraus abgeleitetes eindeutiges Ziel)
2. Warum?	Warum ist das wichtig für Sie? (emotionale Relevanz des Ziels)
3. Wie?	Wie wollen Sie vorgehen? (klarer schriftlicher Handlungsplan, der Zielerreichung in Einzelaufgaben zerlegt)
4. Wegbegleiter!	Wer wird Sie unterstützen, kontrollieren und Sanktionen verhängen, wenn Sie die Dinge schleifen lassen, aber auch Etappensiege mit Ihnen feiern?
5. Wohin?	Ein Vorbild oder Idealbild der Zielerreichung spornt zusätzlich an.

Je emotional wichtiger das Ziel Ihnen ist, desto leichter wird Ihnen die nötige Selbstdisziplin fallen. Und ein Wegbegleiter oder Mentor, der Sie regelmäßig an Ihr Ziel erinnert und mit dem Sie sogar einen spielerischen Vertrag über fällige »Strafen« schließen kön-

● **Der faule Zauber:** »Schreiben Sie Ihre Ziele auf und profitieren Sie von der magischen Wirkung schriftlich fixierter Zielvorstellungen!«, so das kühne Versprechen.

● **Der wahre Kern:** Ziele wirken tatsächlich wie ein Kompass und steuern Handlungsrichtung, -dauer und -intensität. Auch eine schriftliche Fixierung ist von Vorteil. Darüber hinaus kommt es aber vor allem darauf an, ins Handeln zu kommen. Aufschreiben allein genügt nicht!

3 Dinge, die wirklich helfen:

- Achten Sie darauf, dass Ihnen Ihre Ziele tatsächlich wichtig sind. Je stärker Sie auch emotional hinter einem Ziel stehen, desto eher werden Sie die nötige Disziplin aufbringen, die zur Zielerreichung nötig ist.

- Gehen Sie systematisch vor, verfahren Sie nach dem oben beschriebenen 5-W-Prinzip: Was? Warum? Wie? Wegbegleiter! Wohin (Vorbild)? So nehmen Sie Ihren inneren Schweinehund an die Leine.

- Hängen Sie die Messlatte nicht zu hoch: Ideal sind ambitionierte Ziele, für die Sie sich anstrengen müssen. Mit illusionär hohen Zielen nach dem Muster »Alles ist möglich!« programmieren Sie nur Frust und Enttäuschung vor.

nen, wirkt wahre Wunder. Sie sollen ja nicht Ihr Haus verpfänden. Es genügt, wenn eine Flasche von Ihrem Lieblingswein fällig ist, sobald Sie schlampen. Der Abnehmclub »Weight Watchers« funktioniert übrigens entlang dieser Prinzipien. Die Gewichtsreduktion beginnt hier mit einem zweiwöchigen Protokoll des eigenen Essverhaltens – eine Bewusstmachung, die häufig schon die ersten Verhaltensänderungen bewirkt. Das gemeinsame Wiegen fungiert als Kontrolle und Ansporn, die Gruppe übernimmt die Rolle des Wegbegleiters, und positive Vorbilder gibt es auch. Die Erfolge der Weight Watchers sprechen für sich. Und inzwischen gibt es tatsächlich eine erste Studie, die belegt, dass schriftlich niedergelegte und von einem Freund kontinuierlich begleitete Ziele die größte Wirkung entfalten.[171]

Visualisieren! – Fata Morgana der Träumer

»Da der Mensch bekanntlich in Bildern denkt, ist eine Zielcollage ein sehr wirksames Erfolgsinstrument, dessen sich viele Menschen nicht bewusst sind«, erklärt der Herausgeber eines Erfolgsmagazins, das sich an »zielstrebige Unternehmer, Führungskräfte, Vertriebsprofis und Selbständige« wendet.[172] Auch hier werden wahre Wunder versprochen: Einfach alle Bilder, die Sie emotional ansprechen, aus Zeitschriften ausschneiden, aufkleben, fertig! Simpel wie eine Backmischung und genau wie diese mit Gelinggarantie.

Träume werden wahr mit der Zielcollage

Glenna Salsbury, eine Motivationsrednerin aus den USA, erfuhr die phänomenale Wirkung einer Zielcollage am eigenen Leib, berichtet das Magazin *Noch erfolgreicher*. Glenna (im Text irrtümlich »Glena«) schneidet Fotos zu ihren Herzenswünschen aus Zeitschriften aus und klebt sie »in ein teures Fotoalbum«. Die Wunschliste vereint die üblichen Kleinmädchenträume: ein gut aussehender Mann, eine Hochzeit in Brautkleid und Smoking, Blumen, Schmuck, eine »Insel in der funkelnden blauen Karibik«, ein Haus. Das Schicksal meint es gut mit der Dame: *»Acht Wochen nachdem sie sich diese Collage erstellt hatte, sah sie auf der Autobahn ihren Traummann Jim in einem Cadillac (Punkt 1). Jim sah sie auch und fuhr ihr nach. Schließlich heirateten sie nach rund zwei Jahren in Laguna Beach, Kalifornien, mit Brautkleid und Smoking (Punkt 2). Am Tag ihrer ersten Verabredung schickte er ihr ein Dutzend Rosen und danach jeden Montag eine langstielige Rose mit einem Liebesbriefchen (Punkt 3).«* Und so weiter und so fort. Das Universum funktioniert wie ein braver Buchhalter – es nimmt sich Glennas Fotoalbum vor und arbeitet es ab wie eine Online-Bestellung. Zufällig »sammelt« Jim auch noch Diamanten und ist auf der Suche »nach jemandem, den er damit schmücken« kann. Bingo! Wie gut, dass die Dame ihre berufliche Zukunft nicht vergessen hat und das Foto der Vizepräsidentin eines großen Unternehmens dazupappte: Acht Monate später ist sie »Vizepräsidentin für das Ressort Personalkapazität«.[173] Ende der Märchenstunde. Und jetzt hoffe ich nur, dass meine Frau nicht plötzlich anfängt, Bilder von »Diamantensammlern« auszuschneiden…

Natürlich kann man das nicht ernst nehmen, doch offenbar gehen genügend Leser solchen Versprechungen auf den Leim. Es ist sicher kein Zufall, dass im Loblied auf die Zielcollage en passant ein »Sprenge deine Grenzen! – Erfolgspaket« empfohlen wird, inklusive Heft für das eigene Sammelbild. Leider sind derart fahrlässige Versprechungen kein Einzelfall. »Eine Zielcollage entfacht einen regelrechten Zauber. (…) Am besten hängst Du die Zielcollage an einem Ort auf, an den Du oft hinsiehst. Halte dieses gute Gefühl möglichst lange aufrecht und Du wirst einen wahren Zauber entfachen. Materie folgt dem Geist. Das bedeutet, dass das, was Du immer wieder denkst, irgendwann zu ihrer Realität wird«, empfiehlt ebenso holprig wie verheißungsvoll ein anderer Experte.[174]

- **Der faule Zauber:** … besteht in der Behauptung, eine Zielcollage entfalte eine geradezu magische Wirkung und lasse die ausgewählten Bilder quasi automatisch Wirklichkeit werden.

- **Der wahre Kern:** Im Brainstorming und bei der Ideenfindung kann man gut mit Bildern arbeiten. Und: Was wir vor Augen haben oder was uns beschäftigt, lenkt unsere Aufmerksamkeit. Sich mit seinen Zielen auseinanderzusetzen schärft daher die Wahrnehmung für thematisch Passendes.

3 Dinge, die wirklich helfen:

- ... siehe die Empfehlungen zum Setzen von Zielen, Abschnitt 4. in diesem Kapitel.

Um es kurz zu machen: Visualisieren reicht nicht! Man muss schon etwas tun, um seine Ziele zu erreichen. Im Brainstorming, als Methode, Ideen zu sammeln, sind Bilder sinnvoll und hilfreich. In der angepriesenen Form lädt die Zielcollage allerdings zu haltlosen Illusionen ein und schadet mehr, als sie nützt. Ein anderes Körnchen Wahrheit: Es stimmt, dass unsere Aufmerksamkeit auf das gelenkt wird, was uns gedanklich beschäftigt. Wer Nachwuchs erwartet, sieht plötzlich überall Schwangere. Doch daraus eine magische Erfolgsmethode abzuleiten ist schlicht – Humbug.

Glaub an dich! – Sprüche statt Strategien

Wenn Ihnen früher eine alte Tante in einem Moment tiefster Teenagerverzweiflung versprach »Wenn du glaubst, es geht nicht mehr, kommt von irgendwo ein Lichtlein her!«, dann hat Sie das vermutlich wütend gemacht. Gut so! Es besteht Hoffnung, dass Sie sich heute keine Postkarten mit Sprüchen wie

> »Leben heißt nicht zu warten,
> dass der Sturm vorüberzieht,
> sondern zu lernen,
> im Regen zu tanzen«

an den Kühlschrank pinnen. Mit mehr oder weniger originellen Motivationssätzen lässt sich offenbar gut Geld verdienen, sobald man sie in Pastelltönen auf DIN-A6-Kärtchen druckt. Auch das Internet ist voll von Losungen, in denen sehr viel geträumt, gehofft und gedacht wird. Gern beruft man sich auch auf mehr oder weniger große Dichter und Denker:

- »Auf einfache Wege schickt man nur die Schwachen.«
  – *Hermann Hesse*
- »Ich kann, was ich will, weil ich muss!« – *Immanuel Kant*
- »Mache das Beste aus dir selbst, denn das ist alles, was du hast.« – *Ralph Waldo Emerson*
- »Was die Raupe das Ende der Welt nennt, nennt der Rest der Welt Schmetterling.« – *Laotse*
- »Es ist in Ordnung, Angst zu haben, aber nicht, sich der Angst geschlagen zu geben.« – *Norman Vicent Peale*
- »Nur ein mittelmäßiger Mensch ist immer in Hochform.«
  – *William Somerset Maugham*
- »Unsere größte Schwäche liegt im Aufgeben. Der sichere Weg zum Erfolg ist immer, es doch noch einmal zu versuchen.«
  – *Thomas Edison*
- »Ich kenne nicht das Geheimnis des Erfolgs, aber das des Misserfolgs: Es jeden Recht machen zu wollen.« – *Sammy Davis jr.*
- »Um erfolgreich zu werden, muss deine Sehnsucht nach Erfolg größer sein als deine Angst vor dem Versagen.« – *Bill Cosby*
- »Man hat nicht verloren, wenn man zu Boden geht, sondern erst, wenn man liegen bleibt.« – *George Foreman*
- »Unsere größte Angst ist nicht, unzulänglich zu sein. Unsere größte Angst besteht darin, unermesslich mächtig zu sein.«
  – *Marianne Williamson*

Gegen derlei Weisheiten ist erst mal nichts einzuwenden. Sie mögen kurzfristig Trost spenden und in einer säkularen Welt die biblischen Losungen ersetzen, aus denen Gläubige Kraft schöpfen.

Gefährlich wird es, wenn Sprüche die Strategie ersetzen, wenn sie einlullen und sogar als Erfolgsbotschaft von großen Bühnen herunter verkündet werden. Meist geht es dabei ums Durchhalten, um das weiter An-sich-Glauben und um das Festhalten an den eigenen Träumen. Um kritische Erfolgsbilanzen, um Selbstreflexion oder um konkrete Handlungsschritte geht es nie, das würde ja die erbauliche Stimmung trüben. Die Motivationszauberer bleiben gern im Vagen, in die Niederungen des mühsamen Alltagsgeschäfts begeben Sie sich ungern.

Leider machen Kalendersprüche allein nicht erfolgreich, und aus schwierigen Situationen kommt Sie nicht heraus, indem Sie auf den Horizont starren und geduldig auf einen Silberstreif warten, gleichgültig, ob Sie gerade an einer dauerhaft unglücklichen Beziehung, an einer tägliche Bürohölle oder unter einer drohenden Insolvenz leiden. Die Resilienzforschung zeigt: Widerstandsfähige Menschen handeln nach dem Realitätsprinzip und lösungsorientiert. Sie reden sich die Welt nicht schön und sie belügen sich nicht selbst. Sie sind bereit, dazuzulernen und sich Irrtümer einzugestehen. Sie schaffen es, sich aus der Opferrolle zu befreien und Lösungen zu entwickeln, auch solche, die sie in der akuten Krise und im ersten Sturm der Gefühle noch weit von sich gewiesen hätten. Wer als Kind Zuwendung und Ermutigung erfahren hat, ist dabei im Vorteil. Doch auch als Erwachsener kann man seine »Krisenkom-

Der faule Zauber: … entsteht, wenn banale Trostsprüche sich als echte Hilfestellung tarnen.

Der wahre Kern: Kurzfristig tut Trost gut, und wir alle brauchen gelegentlich Trost. Der sollte uns allerdings nicht einlullen und nicht davon abhalten, ins Handeln zu kommen.

3 Dinge, die wirklich helfen:

- Geben Sie sich die Zeit, Ihre Wunden zu lecken und Kraft zu schöpfen, bevor Sie handeln.

- Nehmen Sie sich aber auch die Zeit, in Ruhe über Lösungsmöglichkeiten nachzudenken. Schließen Sie dabei im ersten Schritt nichts kategorisch aus, sammeln Sie unvoreingenommen Optionen. Streichen können Sie hinterher immer noch!

- Wenn Sie einen Motivationsspruch suchen, nehmen Sie einen, an dem Sie sich reiben können, statt eines erbaulichen Beruhigungsmittels, das Sie nicht weiterbringt! Wie wäre es zum Beispiel damit?: »Die schlimmste Form von Betrug ist Selbstbetrug.«

petenz« verbessern, indem man sein Herz nicht nur an eine Sache (etwa den Beruf) hängt, für stabile soziale Beziehungen sorgt und seinen Humor nicht verliert.

Sei ein Teamspieler! – Wer's glaubt, wird selig, aber nicht erfolgreich

»Um ein tadelloses Mitglied einer Schafherde sein zu können, muss man vor allem ein Schaf sein«, soll Albert Einstein einmal gesagt haben. Sie ahnen es schon: Ich halte nicht viel vom pauschalen Lobgesang auf die Teamfähigkeit. Blicken Sie zurück auf die Senkrechtstarter und Top-Performer aus Teil I: Richard Branson, Titus

Dittmann, Steve Jobs, Oliver Kahn, Dietrich Mateschitz, Martin Winterkorn, um nur einige zu nennen – wen davon halten Sie für einen »Teamspieler«? Sie alle sind durchsetzungsstarke Persönlichkeiten, die zielstrebig ihre eigenen Interessen verfolgt haben, sonst wären sie niemals so weit gekommen. Gleichzeitig haben sie alle es vermutlich verstanden, zum richtigen Zeitpunkt die richtigen Menschen in ihrem Umfeld zu überzeugen und sich deren Unterstützung zu sichern. Das heißt im Klartext: Sie haben Teams für ihre Interessen gewonnen. So gesehen, waren sie alle »teamfähig«. Im Klartext: Aufsteiger nutzen Teams für ihre Zwecke, sie nutzen das Team nicht, um sich darin zu verstecken. Wer weiterkommen will, muss das Team irgendwann hinter sich lassen, um sich an seine Spitze zu setzen. Und er darf dabei Konflikte nicht scheuen.

»Teamfähigkeit« ist ein schwammiger Begriff. Im Alltag und in der üblichen Stellenanzeigenprosa ist damit oft nicht mehr gemeint als »Sei nett zu deinen Mitmenschen und Kollegen, eck nicht an, füge dich in die Gruppe ein«. Viele Chefs rufen nach »teamfähigen« Mitarbeitern, meinen in Wirklichkeit aber »pflegeleichte« Mitarbeiter, die ihnen weder zu häufig widersprechen noch auf der Karriereleiter gefährlich werden können. Nimmt man den Teambegriff ernst, geht es dabei um eine Arbeitsgruppe mit Menschen unterschiedlicher Stärken, die sich ideal ergänzen. Dann muss man aber genau hinschauen, welche Teamrolle der Einzelne wahrnimmt und welche Lücke eine Neubesetzung schließen soll: Die des energischen Machers? Des kreativen Erfinders oder gewissenhaften Perfektionisten? Des geschickten Netzwerkers oder pragmatischen Umsetzers?[175]

Teams: 3 + 3 = 9??

In einer idealen Welt befruchten sich in einem Team die Stärken der Mitglieder: Gemeinsam erreichen sie mehr, als bei bloßer Addition der Einzelfähigkeiten zu erwarten wäre. Auf diesen Gedanken gründet sich der Mythos vom größeren Erfolg durch Teams. Der britische Teamforscher und Managementtheoretiker Raymond Meredith Belbin ging dabei von folgenden Teamrollen aus: Umsetzer (Company Worker), Koordinator (Chairman), Macher (Shaper), Neuerer/Erfinder, Weichensteller (Resource Investigator), Beobachter (Monitor Evaluator), Teamarbeiter (Teamworker), Perfektionist (Completer/Finisher), Spezialist (Specialist). So weit die Theorie. Vielleicht fallen Ihnen spontan Kollegen ein, die eine oder mehrere dieser Rollen perfekt verkörpern. Vielleicht fallen Ihnen aber auch ganz andere Teamrollen ein? Denken Sie einfach an Ihr letztes Projektmeeting bei Kaffee und den immer gleichen Firmenkeksen:

- *Smartphone-Daddler:* Ist unablässig damit beschäftigt, wichtige andere Dinge zu organisieren. Wacht erst aus seiner hoch konzentrierten Informationsorganisationsarbeit auf, wenn es zum Mittagessen geht.

- *Abnicker:* Lächelt freundlich und ist mit allem einverstanden, auch mit Vorschlägen, die sich widersprechen oder ausschließen. Genießt die Geselligkeit, mümmelt Kekse und erholt sich von seiner eigentlichen Arbeit.

- *Wichtigtuer:* Besetzt möglichst viel Redezeit, womit, ist ihm egal. Notfalls wiederholt er einfach, was die Fleißbiene vor zwei Sekunden gesagt hat, nur mit viel mehr und in viel schöneren Worten.

- *Fleißbiene:* Ist besorgt, ob bei dem Meeting auch wirklich etwas herauskommt. Macht konstruktive Vorschläge, die der Wichtigtuer dann als seine verkauft. Lässt sich klaglos das Protokoll und andere ungeliebte Aufgaben aufhalsen.

- *Karriereorientierter:* Rangelt mit dem Wichtigtuer um die informelle Teamführung. Prescht vor, will Aufgaben verteilen und achtet darauf, dass sein Beitrag im Protokoll ausdrücklich gewürdigt wird.

- *Träumer:* Bekommt nur die Hälfte mit und die gern noch falsch. Wenn er Luft holt und mit einem »Aber sollten wir nicht …?« ein längst vernageltes Fass wieder aufreißt, geht ein Ächzen durch die Gruppe, und der Karriereorientierte flippt gelegentlich aus.

- **Der faule Zauber:** ... besteht im Lobgesang auf eine nicht näher definierte »Teamfähigkeit«. Wer sich im Team versteckt und Konflikte scheut, wird es nicht weit bringen.

- **Der wahre Kern:** Wer andere für sich und seine Ziele gewinnen kann, kommt leichter vorwärts. Dafür muss man aber Teams nutzen können, statt sie als bequeme Hängematte misszuverstehen.

3 Dinge, die wirklich helfen:

- Vergessen Sie nie, dass nur einer für Ihren Erfolg verantwortlich ist und ein ureigenes Interesse daran hat: Sie selbst!

- Scheuen Sie Konfrontationen nicht. Fragen Sie sich vorher aber: Ist das jetzt nötig – oder wollen Sie nur recht behalten?

- Reservieren Sie sich im Alltagsgeschäft regelmäßig Zeit, um allein und in Ruhe über Ihre Ziele, strategische Fragen und wirklich Wichtiges nachzudenken. Für eine solche »Stunde der Wahrheit« bieten sich Randzeiten an – der frühe Morgen, bevor der Alltagstrubel beginnt, oder der Abend, wenn er sich wieder gelegt hat. Mit einer »Hour of Power« tun Sie mehr für Ihren Erfolg und Ihre Selbstmotivation als mit ausufernden Teamdebatten.

Im Alltag gilt eben manchmal auch die Teamregel: 3 plus 3 macht viereinhalb. Wer aus dieser satirischen Teamtypologie es noch weit bringen wird, liegt auf der Hand. Es sind am ehesten diejenigen, die das Team geschickt für sich zu nutzen wissen, nicht die naiven Teamenthusiasten und zurückhaltenden Harmonieliebhaber.

Befördert werden immer noch Einzelpersonen, nicht Teams. Und Menschen, die große Erfolge erzielen, sind oft alles andere als »teamfähig« und nett, wie ein Blick auf die dunklen Seiten der Top-Performer gezeigt hat.

Lauf Marathon! – Unsinn des sportlichen Aktionismus

Wer wollte ernsthaft bestreiten, dass Fitness dabei hilft, die Anforderungen des Lebens dauerhaft zu meistern? Das ist nicht eben eine neue Erkenntnis: »Mens sana in corpore sano« geht auf den römischen Dichter Juvenal zurück; der Spruch hat also fast 2000 Jahre auf dem Buckel. Allerdings kann auch ein totaler »unfitter« Mensch Großartiges leisten. Der weltberühmte Physiker Stephen Hawking leidet an einer schweren neuronalen Erkrankung und kann nur noch mit den Augen kommunizieren. Trotzdem schreibt er internationale Bestseller und lehrte von 1979 bis 2009 an der Universität Cambridge, just auf dem Lehrstuhl, den Sir Isaac Newton im 17. Jahrhundert besetzte. Churchill schwor auf »no sports«, und wer Fotos von ihm sieht, glaubt das sofort. Dennoch beeinflusste der britische Politiker die Geschichte des 20. Jahrhunderts maßgeblich. Der Sänger Thomas Quasthoff brillierte ungeachtet seiner Conterganschädigung 40 Jahre lang auf der Bühne. Auf der anderen Seite schützt Sport keinesfalls vor geistigen Tiefflügen, oder finden Sie etwa toll, was Boris Becker inzwischen treibt? Zahlreiche Spitzensportler haben große Probleme, sich jenseits von Aschenbahn oder Tennisplatz im Leben zurechtzufinden.

Dennoch sammeln Marathonläufer bis heute bei manchen Personalchefs Pluspunkte, gelten als diszipliniert, hartnäckig und erfolgsorientiert. Und da mittlerweile fast jeder Marathon läuft, muss es inzwischen immer öfter der Ironman sein. Wer weiß, wie viel Trainingszeit das kostet und wie lange der Körper braucht, um sich von einer derartigen Strapaze zu erholen, kann eigentlich nicht wirklich glauben, Ironmänner oder -frauen seien auch in anderen Bereichen automatisch zu Bestleistungen prädestiniert. Selbst für eiserne Menschen hat der Tag schließlich nur 24 Stunden. Fitnesspäpste hindert das nicht daran, den »leichten Weg zu Vitalität und Gelassenheit« zu versprechen, illustriert mit drahtigen Selbstporträts als Ironman Finisher. Ein Seminar von knapp drei Tagen zeigt Ihnen überdies, »wie Ihr Lebenstraum – wie immer er aussehen mag – kein Traum bleibt, sondern zwingend zur Wirklichkeit wird« und »wie Sie unangreifbar werden für den täglich zermürbenden Stress. Unangreifbar!«[176] Verständlicherweise wird auch hier ein Teil der Arbeit an das »Unterbewusstsein« delegiert – alles kann man ja nun wirklich nicht selber machen.

Als Christen wie als Psychologen verblüfft mich manchmal die Verbissenheit, mit der sich Menschen um ihre körperliche Fitness sorgen, während sie auf ihre geistige und seelische Gesundheit kaum einen Gedanken verschwenden. Viele gehen ins Fitnessstudio, doch wo tanken sie seelisch auf? Das scheitert nicht nur an der Verweltlichung unserer Gesellschaft, sondern häufig schon an der Unfähigkeit, echte Pausen einzulegen und zwar ganz ohne Smartphone-Gedaddel. Das Wort »Freizeitstress« gehört inzwischen zum Alltagsvokabular, die Absurdität dieses Begriffs fällt kaum noch jemandem auf. Wir haben den Leistungsgedanken längst auch auf Urlaub und Hobbys übertragen. Wir hetzen durch das Leben und wundern uns, wenn irgendwann der Burn-out droht. Eine Therapeutenweisheit besagt dagegen: »Wenn die Langeweile einsetzt, beginnt die Entspannung.«

Er gehört zu den unvergesslichen Knollennasen-Sketchen von Loriot: »Hermann, was machst du?«, ruft die geschäftig in der Küche hin und her trippelnde Gattin. Hermann macht: »Nichts.« Er lehnt entspannt im Sessel, hat den Kopf in die Hand gestützt und blickt ins Nirgendwo. Sofort schallt es ungläubig aus der Küche: »Gar nichts??« Auch auf mehrfache Nachfrage bleibt der Gatte hartnäckig. Er tut schlicht »ü-ber-haupt nichts«! Das tiefsinnige Gesprächspingpong dauert eine ganze Weile, weil die Ehefrau mit Vorschlägen kommt: Es könnte Hermann nicht schaden, spazieren zu gehen. Oder irgendwas zu tun, was ihm Spaß macht. Oder etwas zu lesen! Doch Hermann möchte einfach nur sitzen, nicht einmal an etwas denken will er.[177] Auf diesen Zustand arbeiten buddhistische Mönche und Meditationsanhänger Jahre hin. Sie wissen, wie der Meditationsversuch bei Loriot endet: im Ehekrach. Ein schöner Kommentar zu den Untiefen ehelicher Kommunikation. Und beim zweiten Hinschauen ein noch besserer Kommentar zur Dauergeschäftigkeit, die uns krank machen kann: Es täte uns gut, wenn wir ab und zu noch »nichts machen« könnten wie Hermann. Gar nichts. *Ü-ber-haupt nichts.* Können Sie?

Auch hier gilt: Die Motivationsgurus blasen einen an sich zutreffenden Tatbestand (»Fit sein ist von Vorteil, um dauerhaft Leistung zu bringen«) zu einer völlig überzogenen und mit Pech sogar

- **Der faule Zauber:** Es wird suggeriert, (extreme) körperliche Fitness sei der Schlüssel zum Erfolg auch auf anderen Gebieten.
- **Der wahre Kern:** Menschen, die gesund leben, sind im Allgemeinen leistungsfähiger.

3 Dinge, die wirklich helfen:

- Gönnen Sie sich regelmäßig echte Pausen und Mußezeiten, in denen Sie offline sind und zur Ruhe kommen können!

- Halten Sie nicht nur Ihren Körper fit, sondern sorgen Sie auch für psychische Kraftquellen. Wo tanken Sie seelisch auf? Das kann im Gebet, in der Meditation, beim Angeln oder in der Zeit mit Ihren Kindern sein.

- Überfordern Sie Ihren Körper nicht. Um gesund zu bleiben, reicht das »Fitnessprogramm« von Vorschulkindern völlig aus. Ich empfehle das Kita-Prinzip für mehr Leistungsstärke – einfach das tun, was man bei seinen Kindern für selbstverständlich hält:

  - **Schlaf:** regelmäßig 7 bis 9 Stunden.
  - **Wasser:** mind. 1,5 Liter am Tag trinken.
  - **Bewegung:** 30 Minuten pro Tag.
  - **Frische Luft:** durch einen flotten Spaziergang in der Mittagspause zum Beispiel.
  - **Lachen:** Kinder lachen etwa 400 Mal am Tag, Erwachsene im Schnitt nur noch 15 Mal. Sorgen Sie dafür, dass Sie mehr zu lachen haben, und Sie tun etwas für Ihre Gesundheit.
  - **Freunde:** Stabile soziale Beziehungen wirken nach wissenschaftlichen Erkenntnissen sogar lebensverlängernd.
  - **Spielen:** Genießen Sie »zweckfreie« Aktivitäten, tun Sie Dinge nur, weil Sie Ihnen Freude machen.

kontraproduktiven Heilsbotschaft auf: »Lauf Marathon – und du wirst erfolgreich!« Das ist blanker Unsinn.

Sei ganz du selbst! – Die Lüge des Authentischseins

Charismatische und erfolgreiche Menschen sind einfach sie selbst. Das glauben Sie nicht wirklich, oder? Steve Jobs soll seine legendären Produktpräsentationen, in denen er die neueste Apple-Entwicklung zelebrierte wie ein Priester die Messe, minutiös geplant und geprobt haben. Niemand sollte sich durch den legeren Auftritt in Jeans und schwarzem Rolli täuschen lassen. Wo ein missglückter Auftritt Milliarden Börsendollar gekostet hätte, müsste man komplett wahnsinnig sein, mal eben spontan auf die Bühne zu gehen und ein bisschen was zum neuesten IT-Gimmick zu erzählen. Und morgens dafür irgendeine Jeans und »zufällig« schon wieder den dunklen Rolli aus dem Kleiderschrank zu ziehen.

Jeder Mensch füllt verschiedene Rollen aus – Jobs war Findelkind und Adoptivsohn, Vater, Ehemann, gefürchteter Chef, Geschäftspartner, Investor, visionärer Apple CEO, um nur einige zu nennen. In welcher seiner zahlreichen Rollen war er wohl ganz »er selbst«? Wann zeigen Sie Ihr wahres »Selbst« – morgens beim Frühstück, nachmittags beim Geschäftstermin oder abends beim Sport mit Freunden? Unser Selbst hat viele Facetten, das macht die Sache mit dem Authentischsein ein bisschen komplizierter, als mancher selbst ernannte Motivator Ihnen vorgaukeln möchte. Dennoch ist kein Mangel an Büchern, die unter dem Titel »Sei du selbst!« das Versprechen abgeben, das »authentische Selbst« führe automatisch und scheinbar mühelos zu mehr Lebensglück, mehr Gesundheit und mehr Erfolg.[178] Wer darauf verzichtet, sich in sozialen Situationen anzupassen, der ist vielleicht völlig authentisch, wirkt aber möglicherweise auch asozial und verzockt wertvolle Begegnungschancen.

Als der Fußballnationalspieler Thomas Hitzlsperger Anfang 2014 seine Homosexualität offenbarte, tat er dies mit einer vierminütigen Videobotschaft, die wie ein spontanes Interview wirkt. Doch Hitzlsperger hatte sein Coming-out mit einer Agentur für Krisenkommunikation sorgfältig vorbereitet: »Zehn Mitarbeiter planten Hitzlspergers Bekenntnis. Die Agentur entwarf eine Website (…). In dem Film erklärt sich Hitzlsperger auf Deutsch und Englisch. Ein Team aus Dolmetschern hat auf die richtige Übersetzung geachtet. Allein der Dreh für die Videos dauerte einen Tag.«[179] Ist die Videobotschaft damit noch »authentisch«? Gemessen am Alltagsverständnis von Authentizität eher nicht, denn das verlangt spontane Unverstelltheit. Gemessen daran allerdings, ob Hitzlsperger hier sein inneres Anliegen so vermittelt, wie er das möchte, ist das Video vermutlich sehr authentisch – nicht trotz, sondern gerade *wegen* der minutiösen Planung! »Authentizität« ist ein schillernder Begriff, von dem Sie sich nicht zu naiver Spontaneität verleiten lassen sollten. Wenn es darauf ankommt, überlassen Profis nichts dem Zufall. Echte Authentizität kann harte Arbeit sein!

Wir lassen uns von einem »authentischen« Auftritt begeistern, wenn er unsere Rollenerwartungen mit großer Souveränität (über-) erfüllt. Ein besonders authentisches Auftreten ist in der Regel besonders gut einstudiert. Mitreißendes Charisma entsteht dabei am ehesten, wenn dieser Auftritt zu den Werten und Eigenschaften der Person passt – das gibt ihm Stimmigkeit und Überzeugungskraft. So gesehen, ist unser Alltagsbegriff von Authentizität eine Mogelpackung. Sobald ein Zweiter anwesend ist und uns zuschaut, beeinflusst das in der Regel unser Verhalten. Wir spielen eine Rolle. Im engeren Sinne völlig authentisch – das heißt ohne Kalkül mit dem Zuschauer – sind wir am ehesten in Situationen, in denen wir »aus der Rolle fallen«. Der Fahrer des Sportwagens, der Sie anbrüllt, weil Sie ihm gerade mit Karacho hinten draufgefahren sind, ist in seinem Furor vermutlich ganz bei sich und völlig »authentisch«. Nur: Diese Art von Authentizität meinen wir eher nicht, wenn wir ein Loblied auf »authentisches Verhalten« singen. Wir meinen in Wahrheit ein in sich stimmiges und dadurch anziehendes Verhalten. Schließlich ist mit »authentisch« im Allgemeinen eine positive Wertung verbunden. Wenn uns jemand ehrlich eine unangenehme Wahrheit ins Gesicht sagt, nennen wir das nicht authentisch, sondern unhöflich, grob, unverschämt.

Auch beim Thema Authentizität gibt es einen wahren Kern, der sich in der Diskussion zu Lebensmotiven weiter oben schon herausschälte: Wer im Einklang mit seinen persönlichen Werten und Einstellungen handelt, ist im Allgemeinen tatsächlich leistungsfähiger, zufriedener und erfolgreicher. Idealismus, Familie, Anerkennung, Wettbewerb etwa sind starke Antreiber, und wer eigenen Motiven folgen kann, erlebt sein Handeln als müheloser und erfüllender. Doch dazu muss der Einzelne sein Werteprofil und seine

● **Der faule Zauber:** … besagt, dass man »einfach« nur man selbst sein müsse, und alles werde sich zum Besseren wenden. Das ist im besten Fall nichtssagend, im schlimmsten Fall irreführend. »Wähle dir Rollen, die zu deinen Werten und Eigenschaften passen, und reflektiere regelmäßig, wie du diese Rollen am besten ausfüllen kannst«, wäre ein ehrlicher und angemessener Rat. Nur ist der für das simple Weltbild, das die Tsjakkaa-Propheten verkaufen, vielleicht ein wenig zu komplex.

● **Der wahre Kern:** … besteht darin, dass Menschen, die im Einklang mit ihren Werten und Bedürfnissen leben, glücklicher und potenziell auch erfolgreicher sind als Menschen, die das Gefühl haben, sich täglich verbiegen zu müssen.

3 Dinge, die wirklich helfen:

- Hand aufs Herz: Was hindert Sie, »Sie selbst« zu sein? Belassen Sie es nicht bei vagen Floskeln, sondern gehen Sie Ihrem Unbehagen auf den Grund.

- Werden Sie sich darüber klar, was Ihnen wirklich wichtig ist und worin Ihre Kernwerte (Lebensmotive) bestehen. Achten Sie darauf, dass Sie diese Werte zumindest in einigen Ihrer Lebensrollen ausleben können. Das macht es leichter, Kompromisse in anderen Bereichen auszuhalten.

- Rechnen Sie damit, sich auch von Gewohnheiten und vertrauten Sicherheiten verabschieden zu müssen, wenn Sie Ihrem »Selbst« folgen wollen. Authentizität gibt es nicht zum Nulltarif.

persönlichen Stärken (sein »Selbst«) erst einmal kennen, und das ist durchaus nicht selbstverständlich. Noch dazu muss er seine persönliche Lebenssituation so gestaltet haben oder neu gestalten, dass er seine Motive und Werte auch wirklich ausleben kann. Das kann ein langwieriger und mitunter schmerzhafter Prozess sein, wenn man aktuell auf dem falschen Gleis gelandet ist. Es ist mit Sicherheit nicht der einfache Automatismus, den Positivdenker postulieren. Ein großer Teil der Menschen lässt sich beispielsweise bei der Berufswahl eher von Familientraditionen oder Arbeitsmarktstatistiken leiten als von eigenen Bedürfnissen. »Sei du selbst« ist also an sich kein schlechter Ratschlag. Nur ist die Wirklichkeit wieder einmal komplizierter, als die Tsjakkaa-Szene glauben machen möchte.

Hab Spaß! – Das Lächeln der Loser

Die Vertreter des amerikanischen Erfolgsdenkens sind geradezu verstörend gut drauf. Das betrifft nicht nur die Motivationstrainer selbst, die ihr Publikum in Stimmung bringen und für die eisern gute Laune zur beruflichen Grundausstattung gehört. Wer ihre Ratschläge befolgt, ist dann topmotiviert, wenn er

- unerschütterlich gut gelaunt,
- äußerst kommunikativ,
- unglaublich kreativ,
- sehr selbstbewusst,
- unbeirrbar,
- immer am Ball,
- mutig und risikofreudig ist,
- gerne feiert und
- noch dazu mit wenig Schlaf auskommt.

Dies ähnelt auf beängstigende Weise einer Krankheitsbeschreibung nach internationaler medizinischer Klassifikation (ICD-10), der manischen Phase einer bipolaren Störung.[180] Menschen sind nicht dafür gemacht, im fünften Gang durch ihr Leben zu rasen und dabei andauernd gut drauf zu sein. Sie brauchen Pausen, die einen mehr, die anderen weniger. Sie machen Fehler, haben Misserfolge und müssen Schicksalsschläge verkraften. Wer sich die Zeit zum Hadern und Trauern nicht nimmt, wird feststellen, dass es immer mühsamer und anstrengender wird, die »Alles easy!«-Maskerade aufrechtzuerhalten.

Dabei ist gegen Feiern an sich gar nichts einzuwenden – im Gegenteil! Erfolge soll man feiern, der Meinung war sogar Management-Hardliner Jack Welch. Gemeint ist hier: Man feiert, wenn etwas geglückt ist, wenn es wirklich einen Anlass gibt. Solche Feiern geben einen Motivationsschub für die Zukunft. Sie verankern

Erfolge im Gedächtnis, sie stärken das Selbstvertrauen, sie sorgen dafür, dass das Leben nicht nur aus einem unablässigen Strom von Arbeit besteht. Solche Erlebnisse kann man abrufen, wenn es wieder einmal schwierig wird (und dieser Zeitpunkt wird mit ziemlicher Sicherheit kommen). Vielleicht hält man sie sogar in einem Erfolgstagebuch fest, um sich in schwierigen Zeiten daran aufzurichten. Feiern ohne Anlass jedoch sind ein Tanz auf dem Vulkan, mit der Gefahr, jederzeit einzubrechen.

Auch hier erzählen die Motivationsgurus also nur die halbe Wahrheit. Gegen Spaß an sich ist nichts zu sagen. Vielen Menschen würde es guttun, für mehr Freude in ihrem Leben zu sorgen. Was allerdings niemandem guttut, ist zwanghafter Spaß um jeden Preis, auch um den der Selbstverleugnung. In einer »Have fun!«-Welt wird nicht nur Krankheit oder Misserfolg, sondern schon miese Stimmung zum Ausdruck persönlichen Versagens. Das ist menschenfeindlich und realitätsfern. Auf dem Spaßticket reist man nicht zu nachhaltigen Erfolgen, das zeigen die Werdegänge der Top-Performer in den ersten Kapiteln. Wer lächelnd auf dem Siegertreppchen stehen möchte, muss bereit sein, sich vorher zu quälen.

»Die Welt besteht nicht nur aus Sonnenschein und Regenbogen«

… sagt Rocky Balboa zu seinem erwachsenen Sohn, der ihm gerade vorgeworfen hat, mit einem geplanten Schaukampf sein Leben zu zerstören: Dann hält der alternde Boxer eine inzwischen berühmte »Motivationsrede«, die so beginnt:

»Sie [die Welt] ist oft ein gemeiner und hässlicher Ort. Und es ist mir egal, wie stark du bist. Sie wird dich in die Knie zwingen und dich zermalmen, wenn du es zulässt. Du und ich – und auch sonst keiner – kann so hart zuschlagen wie das Leben. Aber der Punkt ist nicht der, wie hart einer zuschlagen kann. Es zählt bloß, wie viele Schläge er einstecken kann, und ob er trotzdem wei-

termacht. Wie viel man einstecken kann und trotzdem weitermacht. Nur so gewinnt man!«[181]

Das scheint einen Nerv zu treffen: Die Originalrede auf Englisch wurde bei YouTube fast vier Millionen Mal angeklickt – möglicherweise, weil sie einen Kontrapunkt zur naiv-sonnigen »Hab Spaß«-Philosophie setzt!

Sie müssen nicht boxen, um zu wissen: Rückschläge gehören zum Leben dazu. Wer nie Rückschläge erleidet, ist vermutlich zeitlebens unter seinen eigentlichen Möglichkeiten geblieben. Wer Rückschläge nicht einstecken kann, ist ungeeignet für Erfolge. Vorsicht ist also angesagt bei Parolen wie *Heute ist mein bester Tag!*, einem weiteren Bestseller des positiven Denkens mit über einer Million verkauften Exemplaren. Es gibt in jedem Leben Tage, die definitiv nicht zu den besseren gehören, und es ist gut, sich dessen bewusst zu sein![182]

● **Der faule Zauber:** »Hab Spaß!« wird zur Erfolgsphilosophie überhöht, nach dem Motto »Lächle in die Welt, und die Welt lächelt zurück.«[183] Das lädt zur Realitätsflucht ein und verhindert einen angemessen Umgang mit Krisen. Wer die Erwartung schürt, der Job, das Leben (die Beziehung, der Sport, die Kindererziehung, das Ehrenamt, …) solle immer Spaß machen, braucht vor allem eines – unbeschränkten Zugang zu Glückspillen.

● **Der wahre Kern:** … ist, dass man Erfolge feiern sollte, um Kraft für die Zukunft zu schöpfen, und dass in einem erfüllten Leben auch Platz für Freude und Genuss ist.

3 Dinge, die wirklich helfen:

- Blicken Sie Krisen und Misserfolgen ins Auge, statt den Kopf in den Sand zu stecken. Gönnen Sie sich Zeiten der Trauer und der Regeneration.

- Sorgen Sie auch in schwierigen Zeiten für Glücksmomente – tun Sie etwas, das Ihnen wirklich Freude macht. Ich habe in einer sehr schwierigen Lebensphase beispielsweise wieder angefangen, Fußball zu spielen, und mir auf diese Art und Weise einige wertvolle Atempausen verschafft.

- Leben Sie den Wechsel: Vollgas und Tempo 30, Feiern und Kontemplation, großer Auftritt und Krafttanken im Kreis enger Freunde und in der Familie.

Die Wahrheiten in einem Meer von Halbwahrheiten

Die heile Welt der großen Motivationsshows ist wie ein guter Hollywoodfilm. Man unterhält sich bestens und geht gut gelaunt nach Hause. Nur sollte man in beiden Fällen nicht den Fehler begehen, die Fiktion für bare Münze zu nehmen.

Die Empfehlungen vieler »Motivationsexperten« laden genau dazu ein, denn sie operieren bewusst mit Halbwahrheiten, sie suggerieren eine verführerische Mühelosigkeit, und sie schmeicheln dem Ego des Zuhörers, der sich unverhofft in den Kreis potenzieller Spitzenleister und Senkrechtstarter aufgenommen sieht. Hier noch einmal:

Fiktion und Realität auf einen Blick.

- *Das Märchen:* »Alles ist möglich!«

  ▶ *Die Wahrheit:* Wenn Sie sich mehr zutrauen, werden Sie mehr erreichen. Voraussetzung: Sie handeln im Einklang mit Ihren Stärken und Möglichkeiten.

- *Das Märchen:* »Tsjakkaa!« Anfeuern hilft, Herausforderungen zu meistern.

  ▶ *Die Wahrheit:* Ein Ritual, das Ihre Konzentration und Gelassenheit fördert, hilft Ihnen. Ein Schrei gibt allenfalls einen kurzen Kraftimpuls.

- *Das Märchen:* »Positiv denken!« – Wer sein »Unterbewusstsein« auf Erfolg programmiert, sprengt seine Grenzen.

  ▶ *Die Wahrheit:* Nur wer handelt, sprengt (vielleicht!) seine Grenzen. Dabei hilft eine optimistische Grundhaltung. Noch mehr helfen allerdings drei Dinge: Tun, tun, tun.

- *Das Märchen:* »Ziele setzen!« – das garantiert Erfolg.

  ▶ *Die Wahrheit:* Nicht Ziele, sondern deren Umsetzung macht erfolgreicher. Damit die gelingt, muss ein Ziel subjektiv (emotional) wichtig und mit einem präzisen Handlungsplan gekoppelt sein.

- *Das Märchen:* »Visualisieren!« – eine Zielcollage bewirkt Wunder.

  ▶ *Die Wahrheit:* Bilder ausschneiden reicht nicht, handeln hilft. Bilder unterstützen allenfalls bei der Ideenfindung.

- *Das Märchen:* »Glaub an dich!« – Motivationssprüche

  ▶ *Die Wahrheit:* Erbauliche Sprüche sind ein gutes Beruhigungsmittel. Wer ein anderes Leben will, muss anders handeln. Und dafür braucht es Strategien, nicht Sprüche.

- *Das Märchen:* »Sei ein Teamspieler!«, das macht erfolgreich.

  ► *Die Wahrheit:* Arbeiten Sie mit anderen zusammen, aber verstecken Sie sich nicht im Team. Setzen Sie Ihre Interessen durch. Das macht erfolgreich!

- *Das Märchen:* »Lauf Marathon!« Fit sein schafft Sieger.

  ► *Die Wahrheit:* Wer gesund lebt, ist leistungsfähiger. Dafür braucht es keinen Marathonlauf. Das »Kita-Prinzip« reicht vollkommen.

- *Das Märchen:* »Sei ganz du selbst!« – einfach authentisch sein, das garantiert Glück und Erfolg.

  ► *Die Wahrheit:* Worin besteht denn Ihr »Selbst«? Authentizität ist alles andere als einfach. Sie ist das Ergebnis ehrlicher Selbstbefragung und mutigen Handelns.

- *Das Märchen:* »Hab Spaß!« Sieger sind gut drauf.

  ► *Die Wahrheit:* Echte Sieger stellen sich ihren Lebenskrisen. Sie überwinden Durststrecken. Und sie feiern Erfolge.

Im Ergebnis heißt das: Einfache Motivationsrezepte können nicht funktionieren, weil weder der Mensch noch die Wirklichkeit »einfach« ist. Nachhaltige Motivationsstrategien müssen sich dieser Komplexität stellen. Mehr dazu im letzten Teil des Buches.

Teil III
Die neue
Psychologie der
Motivation

»Wer Menschenkenntnis besitzt,
ist gut,
wer Selbsterkenntnis besitzt,
ist erleuchtet.«

Chinesische Weisheit

Wie man Menschen motiviert: Ein Blick hinter die Kulissen

Keiner siegt allein, das gilt im weltweit vernetzten Business heute mehr denn je. Wer im Unternehmen einen Senkrechtstart schaffen will, braucht nicht nur Fachkompetenz und Förderer, sondern auch fähige Mitarbeiter – Mitarbeiter, die *wollen*, was sie *sollen*. Kurz: »motivierte« Leute. Dazu wiederum braucht es ein differenzierteres Bild der Mitarbeitermotivation als das bis heute in verschiedenen Kontexten gezeichnete. Gefragt ist eine neue Psychologie der Motivation. Das mag vollmundig klingen. Doch angesichts der stark simplifizierenden aktuellen Motivationsparolen wirkt das Unterfangen weiterführender Überlegungen gar nicht mehr so kühn. Auf dem Motivationsmarkt dominiert bislang die Tsjakkaa-Szene, die eine simple »Alles ist möglich«-Philosophie verbreitet und mit ihren halbwahren Glaubenssätzen Allmachtsfantasien und Realitätsflucht provoziert. Dazu kommen akademische Ansätze, die verschiedene Facetten des Themas auffächern und die Komplexität individuellen Handelns zeigen, ihre Erkenntnisse aber nicht für den Alltag fruchtbar machen. Es gibt die angewandte Psychologie, die den wahren Erfolgsrezepten der Aufsteiger auf den Grund geht und das bonbonrosa Tsjakkaa-Bild der Selbstmotivation als Lüge entlarvt. Und es gibt mit den Abgründen der Top-Performer starke Indizien dafür, dass extreme Leistungen oft in persönlichen Verletzungen wurzeln. Bleibt die Frage: Wie also sollen Sie als Führungskraft in Zukunft »motivieren«? Die kurze Antwort lautet: indem Sie ein Gespür dafür entwickeln, wie Sie selbst und wie Ihre Mitarbeiter ticken. Die lange Antwort lesen Sie in diesem Kapitel.

Sadomaso in Nadelstreifen – Von Einpeitschern und Ausgepeitschten

Über Mitarbeitermotivation sind ganze Bibliotheken geschrieben worden. Kein Führungsbuch kommt ohne einen Abschnitt zu diesem Thema aus. Die reine Lehre in Sachen Mitarbeitermotivation geht aktuell ungefähr so:

1. Man kann Menschen nicht »motivieren«, echte Motivation muss von innen kommen.

2. Die meisten Menschen sind von sich aus motiviert. Es kommt also für Führungskräfte vor allem darauf an, nicht zu *de*motivieren.

3. Ein respektvoller und wertschätzender Umgang mit Mitarbeitern, ein gutes Arbeitsklima und interessante Arbeitsaufgaben sind die besten Garanten für Motivation.

4. Geld und andere Anreize taugen nicht zur Motivation, sie sind womöglich sogar kontraproduktiv (sie zerstören »intrinsische« Motivation).

5. Eine angemessene Bezahlung sollte selbstverständlich sein. Sie ist ein »Hygienefaktor«, der Unzufriedenheit verhindert, nicht ein Motivator, der die Zufriedenheit erhöht.[184]

Fünf simple Gebote also, deren Einhaltung nicht gerade nach Weltraumforschung klingt. Wieso bloß geht es in vielen Unternehmen trotzdem drunter und drüber? Wieso erreichen mich Woche für Woche Anrufe von Topmanagern, in deren Unternehmen »die Motivation im Keller ist«? Ganz so einfach ist die Angelegenheit offenbar doch nicht. Das könnte an der Unzulänglichkeit der Menschen liegen – schließlich scheitern wir auch an anderen Geboten. Vielleicht liegt es aber auch daran, dass die Gebote zu schwarz-weiß für eine ziemlich bunte Welt sind. Bei Licht besehen basieren die fünf Thesen auf Annahmen, über die man trefflich streiten könnte.

1. Nur zufriedene Mitarbeiter bringen gute Leistung.
2. Intrinsische Motivation ist per se besser als extrinsische.
3. Alle Menschen ticken in Sachen Motivation ähnlich, sind durch dieselben Faktoren zu motivieren.
4. »Positive« Motivation (Wertschätzung, Anerkennung, spannende Aufgaben) funktioniert immer und bei jedem.
5. »Negative« Motivation (Sanktionierung) ist überflüssig und grundsätzlich von Übel.

Die herrschenden politisch korrekten Motivationsthesen sind ein bisschen wie Blümchensex: weitverbreitet, aber keineswegs die einzige erfolgreiche Spielart, wie Führungskräfte und Mitarbeiter zum beiderseitigen Wohlergehen miteinander umgehen können.

Würth: Zuckerbrot und Peitsche

Wenn ein Unternehmen in wenigen Jahrzehnten von einer Zwei-Mann-Schraubenhandlung zum Weltmarktführer mit knapp 10 Milliarden Euro Umsatz[185] wächst, macht dieses Unternehmen vermutlich etwas richtig, auch wenn die Art und Weise nicht allen Gewerkschaftern gefällt. Die Rede ist von der Würth Gruppe, die 1945 im schwäbischen Künzelsau gegründet wurde und rund um den Globus für Befestigungstechnik steht. Herzstück des Erfolgs ist der Vertrieb: Inzwischen beraten 29 000 fest angestellte Außendienstler Handwerks- und Industriebetriebe.[186] Die unternehmerischen Prinzipien fasst Bernd Venohr in seinem Buch *Wachsen wie Würth* so zusammen[187]:

- ein aggressiver Wachstumskurs mit ehrgeizigen Umsatzzielen,

- ein engmaschiges Kontrollsystem mit täglichen Umsatzmeldungen der Verkäufer an ihre Vorgesetzen,

- »schonungslose Transparenz« durch Monatsrundschreiben, in denen u.a. das jeweilige Betriebsergebnis der einzelnen Gesellschaften und das »Übergewicht an Köpfen« in Relation zur Planerfüllung veröffentlicht wird,

- detaillierte öffentliche Ranglisten und ausgeklügelte Anreizsysteme durch leistungsbezogene Vergütung sowie durch Verkäuferclubs, Reisen und Firmenwagen (wer Erfolg hat, bekommt einen größeren Wagen, wer die vereinbarten Ziele mehrere Monate in Folge verfehlt, wird sofort eine Wagenklasse herabgestuft),

- das Grundprinzip »Geschäftserfolg führt zu Machtzuwachs, und Misserfolg zu Machtentzug«, und zwar auf allen Hierarchieebenen des Unternehmens.

»Schraubenkönig« Reinhold Würth, der das Unternehmen mit 21 Jahren übernahm und über Jahrzehnte an die Weltspitze führte, setzt darauf, dass Leistung sich lohnen und Minderleistung Konsequenzen haben muss. Das ist das klassische Prinzip von Zuckerbrot und Peitsche, gern belächelt oder als altmodisch bis autoritär verdammt. Irritierend nur, dass es in diesem Fall so fulminant erfolgreich ist. Offenbar wirken Anreize und Sanktionen doch, zumindest bei manchen Menschen. Das sollte eigentlich nicht überraschen, das wusste Epikur schon vor 2 400 Jahren (vgl. Teil II). Wenn polemisch von »Zuckerbrot & Peitsche« geredet wird, ist in Wahrheit oft gemeint: mieses Klima, große Peitsche und gelegentlich ein Zuckerstückchen, über das sich niemand so recht freuen kann. Bei Würth dagegen ist das System ausgewogen, und die Spielregeln sind jedem bekannt. Hier regiert Klartext, wie ein Brandbrief zeigt, mit dem der Firmenpatriarch sich im September 2012 direkt an seine »Lieben Außendienstmitarbeiterinnen und Außendienstmitarbeiter« wandte und der es bis in die *BILD*-Zeitung schaffte. Darin rechnet Würth vor, dass der Außendienst im ersten Halbjahr nur 3,3 Prozent zum Umsatzwachstum beigetragen habe und bei dieser Entwicklung das für 2020 ausgegebene Ziel einer Umsatzverdoppelung in weite Ferne rücke. Er weist unmissverständlich darauf hin, »dass wir uns von Außendienstlern, die vielleicht nicht mehr als ihre eigenen Kosten verdienen, trennen müssten«, und empfiehlt den Damen und Herren lapidar, früher aufzustehen. Dabei könne man sich ein Beispiel am Innendienst nehmen, der ab 7:30 Uhr im Einsatz sei. Gewerkschafter zeigten sich erwartungsgemäß entsetzt.[188]

Natürlich sind das harsche Töne, aber sie sind ehrlicher und für manche Mitarbeiter möglicherweise erträglicher als durch modische Managementvokabeln nur durchsichtig verschleierte Drohkulissen, die anderswo aufgebaut werden. Außerdem: Warum finden wir eine solche Brandrede bei einem Firmenchef verwerflich, während wir einem Fußballtrainer wie Joachim Löw dafür auf die Schulter klopfen? Löw hatte im Vorfeld der Weltmeisterschaft 2014 unter anderem gesagt: »Ich brauche maximale Belastbarkeit« und mehr Trainingseifer angemahnt, sonst müssten die betreffenden Spieler eben zu Hause bleiben.[189] Halten wir fest: Auch »Strafandrohungen« haben in bestimmten Umfeldern eine Motivationswirkung. Was ist eigentlich dagegen einzuwenden, sofern die Spielregeln klar sind und die Betroffenen es in der Hand haben, Sanktionen zu vermeiden?

Dass wir uns schwertun mit Unternehmen, die gegen die offiziellen Gebote moderner Kuschelmotivation verstoßen, zeigen auch andere Unternehmensbeispiele. Die Logistikzentren von Amazon waren der Aufreger in Presse und Fernsehen Ende 2013. Damit wir uns nicht missverstehen: Natürlich finde ich es indiskutabel, Leiharbeiter unter unwürdigen Bedingungen zu kasernieren und sie dubiosen Sicherheitsdiensten auszuliefern. Mir geht es um den Arbeitsalltag der Festangestellten, die durch Streiks für bessere Löhne auf sich aufmerksam machten. Darauf probte ein Reporter des *Stern* den Selbstversuch und arbeitete undercover als Packer. Seine »Wahrheit über Amazon«: ein harter, anstrengender Job. »Der Kunde klickt – ich laufe. 80 Produkte pro Stunde – das ist gewünscht. Ich schaffe am Anfang 26.« So kommen an einem Tag rund 16 Kilometer zusammen, durch den mitgeführten Scanner getaktet bis zur letzten Sekunde.[190]

Ich möchte jetzt nicht über die Fitness von Reportern und die Laufstrecke von Biergarten-Kellnerinnen fabulieren. Doch dass ein Job als Packer nicht dem Selbstverwirklichungsanspruch eines Journalisten entspricht, überrascht kaum. Selbst der *Stern*-Reporter kommt nicht umhin, einen Vorarbeiter zu zitieren, der zuvor auf dem Bau gearbeitet hat: »Da habe ich noch weniger verdient, und es war kalt und gefährlich.« – »Er fühlt sich wohl«, stellt Reporter Mischke konsterniert fest. Auch im Internet regte sich angesichts der anhaltend schlechten Presse für Amazon Widerstand von Betroffenen: »Also, ich bin mehr als zufrieden« sagt ein Mitarbeiter bei Facebook, andere weisen darauf hin, dass Amazon mehr zahle als viele andere Unternehmen in der Region oder dass jeder die Konditionen bei Unterzeichnung des Arbeitsvertrages gekannt habe.[191] Manche Menschen mögen das engmaschige, leistungsorientierte Amazon-System, andere nicht – das gilt auch für das Management. Brad Stone, der ein Buch über das Internetwarenhaus geschrieben hat, sagt auf die Frage, wie Jeff Bezos als Chef sei: »Er stellt sehr hohe Anforderungen. Allen, die ihn enttäuschen, fliegen Sätze um die Ohren wie: ›Warum verschwendest du mein Leben?‹ Aber viele Mitarbeiter fühlen sich inspiriert. Sie geben ihr Bestes, dadurch bleibt Amazon sehr innovativ. Das Tempo ist atemberaubend. Nichts für schwache Nerven.«[192]

Die reine Motivationslehre tut so, als seien alle Menschen gleich. Das sind sie aber nicht. Druck, strenge Regeln, sogar »Schmerzandrohung« (Sanktionen), ein Einpeitscher-Chef wie Bezos – was viele Menschen abtörnt, wirkt auf andere gerade anziehend und beflügelnd. Es gibt verschiedene Spielarten von Motivation. Vielleicht müssen wir unser Motivationsbild korrigieren, ähnlich, wie wir seit dem Sensationserfolg der Sadomaso-Fantasie *Shades of Grey* unsere Vorstellung verbreiteter sexueller Vorlieben in den Schlafzimmern unserer Nachbarn korrigieren mussten? Von sadomasochistischen Arbeitsbeziehungen zu sprechen klingt extrem.

Doch wer Strukturvertriebe von innen gesehen hat, weiß, dass es sie gibt. Wer solche Strukturen nicht kennt, findet in den filmischen Porträts des Versicherungsmaklers Mehmet Göker und seinen mal überschwänglichen, mal unverhohlen drohenden Mitarbeiteransprachen (siehe Teil I) interessantes Anschauungsmaterial.[193] In bestimmten Bereichen, etwa Finanzdienstleistung oder Verkauf, funktionieren überdies die von der herrschenden Motivationslehre verpönten Boni und monetären Anreize sehr gut. Ob sie ein Handeln provozieren, das uns gefällt und das der Gesamtgesellschaft dient, steht auf einem anderen Blatt – ein Anreiz erzeugt das Verhalten, das er belohnt und das im Unternehmen aktuell gewünscht wird.

Dieser Meinung ist offenbar auch die deutsche Bankenaufsichtsbehörde Bafin: In Abstimmung mit der Bundesbank untersagte sie Anfang März 2014 Banken ausdrücklich die vollständige Abschaffung der zuvor hart kritisierten Bonussysteme. Anders könne ein Institut einzelne Mitarbeiter nicht steuern und negatives Verhalten nicht durch Minderung oder Streichen der variablen Vergütung sanktionieren, so die Sorge der Bankenaufseher. »Variable Vergütung steigert die Motivation und zieht leistungsbereite Mitarbeiter an«, stimmt Torsten Biemann, Professor für Personalmanagement an der Universität Mannheim, zu. Er zieht damit das Fazit aus einer Reihe von Studien zur Wirksamkeit erfolgsabhängiger Gehaltsanteile, die unterschiedlich ausfallen, unterm Strich jedoch für Boni sprechen.[194] Ist es so erstaunlich, dass jemand, der sich für eine Bankenlaufbahn entscheidet, durch Geld zu motivieren ist?! Und ist es so verwunderlich, dass jemand, der sich für einen sozialen Beruf entscheidet, es tendenziell weniger ist? Es grenzt schon an Schizophrenie, dass wir einerseits immer längere Motivkataloge erstellen und immer komplexere Persönlichkeitstests entwickeln – siehe etwa das Reiss Profile im zweiten Teil – und andererseits bei der Mitarbeitermotivation einer undifferenzierten Psychoromantik des »Wertschätzung plus spannende Aufgaben, alles weitere ergibt sich« anhängen.

Diskutabel ist auch, dass wir die »intrinsische« Motivation per se für ehrenhafter halten als ein an äußere Anreize gekoppeltes Verhalten. Grob gesprochen ist der Unterschied folgender: Bei intrinsischer Motivation erwächst das Engagement aus der Freude am Tun, bei extrinsischer Motivation wirkt die Freude an der Belohnung. Doch das ist vager, als sie zunächst scheint. Ist jemand, der seine Arbeit mag und trotzdem gern dafür bezahlt werden möchte, nun »intrinsisch« oder »extrinsisch« motiviert? »Intrinsic« bedeutet im Englischen so Unterschiedliches wie »innerlich«, aber auch »wirklich«, »eigentlich«; »extrinsic« steht für »äußerlich« oder »von außen«. Auf Motivation wurde das Begriffspaar intrinsic/extrinsic erstmals 1918 durch den US-Psychologen Robert S. Woodworth angewandt. Mit anderen Worten: Es ist eine Psychologen-Erfindung, kein Naturgesetz![195]

Das Loblied auf die intrinsische Motivation übersieht, dass es in jeder Gesellschaft eine Reihe von Aufgaben gibt, die wenig Raum für Flow-Erlebnisse bieten, Jobs, die schmutzig, monoton, gesundheitsgefährdend sind. Ignoriert wird außerdem, dass extrinsische Motivation manchmal vonnöten ist, damit überhaupt ein Fähigkeitslevel erreicht werden kann, auf dem intrinsisches Vergnügen sich einstellen kann. Wie viele Kinder würden Klavier spielen oder auch nur das kleine Einmaleins lernen, wenn Eltern oder Lehrer sie nicht gelegentlich extrinsisch motivierten? Verschwiegen wird schließlich, dass intrinsische Motivation nicht generell äußeren Anreizen überlegen ist, sondern vor allem in Arbeitskontexten, in denen Kreativität und Innovation gefordert sind – und von denen sich Menschen mit einschlägigem Motiv- und Persönlichkeitsprofil angezogen fühlen.[196] Wer möglichst schnell ein möglichst großes Auto fahren und ein Luxusappartement sein Eigen nennen will, studiert eher BWL als Theaterwissenschaften und strebt in einen Job, der ihm genau diese »extrinsische« Motivation bietet. Beispielsweise in einer Vertriebsorganisation.

Übersehen wird zudem, dass die Leistungsmotivation mancher Menschen durch kindliche Prägung und angeborene Persönlichkeitstendenzen geringer ausfällt als die anderer (siehe Teil II). Was also tun, wenn die intrinsische Motivation in Sachen Arbeit generell eher mau ist? Wo steht geschrieben, dass jeder sich in seiner Arbeit »selbst verwirklichen« muss? Mancher geht eher in der Familie, im Vereinsleben oder im anspruchsvollen Hobby auf. Erzählen Sie mir jetzt nicht, dass Ihnen dazu niemand einfällt – irgendwer muss die vielen »Ich bin hier auf der Arbeit und nicht auf der Flucht« und »Wunder dauern etwas länger«-Aufkleber ja kaufen.[197] Wie viele Menschen würden morgens aufstehen und zur Arbeit gehen, wenn sie durch ihr Gehalt nicht extrinsisch dazu motiviert würden? Ist daran immer nur der Arbeitgeber schuld?

Der hohle Wirbel um die Gallup-Zahlen

Jahr für Jahr im März wiederholt sich das Schauspiel so sicher, wie irgendwann die ersten Krokusse blühen: Gallup veröffentlicht seinen aktuellen »Engagement Index«, und jede Wirtschaftszeitung berichtet aufgeregt darüber. Dazu ermittelt das Institut in einer repräsentativen Umfrage, wie viele Mitarbeiter eine hohe, eine geringe oder keine »emotionale Bindung« an ihren Arbeitgeber haben. Jedes Jahr kommt dasselbe dabei heraus: Schockierende 85 bis 89 Prozent aller Beschäftigten in Deutschland haben entweder innerlich gekündigt (»keine emotionale Bindung«) oder sie tun nur das Nötigste (»geringe emotionale Bindung«). 2012 waren ganze 15 Prozent der Mitarbeiter hoch motiviert, was laut Gallup mit geringeren Fehlzeiten, geringerer Fluktuation, mehr Ideen und Verbesserungsvorschlägen korreliert. So weit, so schlecht. Nur: Warum wundert sich eigentlich niemand darüber, dass Deutschland dennoch als wirtschaftlicher Musterknabe Europas gilt, mit einer Exportquote, die die anderen das Fürchten lehrt, und mit offensichtlich hoch profitablen Unternehmen? Wenn die Lage in den Firmen tatsächlich so verheerend wäre, wie die Gallup-Zahlen suggerieren, müsste die deutsche Wirtschaft eigentlich dem Untergang geweiht sein. Allein die zusätzlichen Fehltage aufgrund geringer oder komplett fehlender Bindung kosten deutsche Unternehmen pro Jahr 18 Milliarden Euro, hat Gallup errechnet. Zusammen mit den Fluktuationskosten und weiteren Folgekosten kommt das Institut in Modellrechnungen sogar auf 138 Milliarden jährlich. Beratungsleistungen, die gegensteuern, kann man praktischerweise gleich bei Gallup buchen. Ein Schelm, wer Böses dabei denkt![198]

Noch interessanter wird es, wenn man nicht nur die Zahlen zu emotionaler Bindung berücksichtigt, sondern auch die Antwort auf die gleichzeitig von Gallup gestellte Frage: »Sind Sie mit Ihrem Job beziehungsweise der Arbeit, die Sie ausführen, zufrieden oder unzufrieden?« Raten Sie mal, wie viele Menschen zufrieden sind: Es sind um die 90 Prozent (2012 waren es exakt 91 Prozent)! Und über drei Viertel aller Befragten finden, ihre Tätigkeit sei für sie »die ideale Tätigkeit«.[199] Diese beiden Zahlen schaffen es leider nicht in die Wirtschaftsteile der Zeitungen, da sich mit ihnen nicht auf die Skandalpauke hauen lässt. Offenbar sind sehr viele Menschen zufrieden und mögen ihre Arbeit, sparen sich »emotionale Bindungen« aber lieber für jemand anderen auf als den aktuellen Arbeitgeber. Man kann also mit seiner Arbeit im Reinen sein können – und trotzdem nicht hoch motiviert. Vielleicht will ja gar nicht jeder ein Top-Performer sein, sondern lieber pünktlich nach Hause gehen?

Für Gallup liegt die Wurzel allen Übels bei den Vorgesetzten, die nicht genügend loben, sich nicht genug für die Menschen interessieren, nicht für die richtigen Arbeitsbedingungen sorgen und nicht ausreichend fördern.[200] Nur: Gibt es nicht fast in jeder Abteilung die ambitionierten Überflieger, die soliden Fleißarbeiter, die Mitläufer und die Ausbremser? Und haben die nicht alle denselben Chef? Hinzu kommt: Anders, als man intuitiv vermutet, stehen Zufriedenheit und Arbeitsleistung nicht in direktem Zusammenhang. Die einfache Gleichung »zufriedene Mitarbeiter = leistungsbereite (motivierte) Mitarbeiter« gilt nicht, wie Torsten Biemann von der Universität Mannheim und Heiko Weckmüller von der Bonner FOM Hochschule für Oekonomie und Management auf der

Basis einer umfangreichen Metaanalyse von über 300 Einzeluntersuchungen betonen. Ihr Fazit: »Der unmittelbare Einfluss der Mitarbeiterzufriedenheit auf die Produktivität ist eher gering.« Allerdings wirke sich Zufriedenheit am Arbeitsplatz auf Gesundheit und Lebenszufriedenheit positiv aus.[201] Möglicherweise ist Mitarbeitermotivation ja komplexer, als simple Erklärungsansätze glauben machen wollen. Eine angenehme Arbeitsatmosphäre allein ist nicht der Königsweg zur Motivation bei jedermann. Genauso wenig wie Lernen funktioniert auch Motivation nach dem Prinzip des Nürnberger Trichters, in den der Chef oben etwas hineinschüttet und bei allen Mitarbeitern unten dasselbe herauskommt. Motivation ist das Ergebnis eines komplexen Zusammenspiels von Chef und Mitarbeiter, eine dynamische Interaktion, in der Führungskräfte dann erfolgreich sind, wenn sie erkennen, was der jeweilige Mitarbeiter mag, salopp gesagt: was ihn antörnt. Eben wie bei gutem Sex. Dieser spannenden Frage ist das nächste Buchkapitel gewidmet.

Jeder Jeck ist anders – Einführung in die Persönlichkeitspsychologie

»Was du nicht willst, dass man dir tu, das füg auch keinem andern zu!« Diese goldene Regel menschlichen Miteinanders ist in verschiedenen Formulierungen in allen Weltreligionen zu finden und seit über 2500 Jahren überliefert.[202] Wenn es um sehr Grundsätzliches geht, scheint sich das auch zu bewähren. Die allermeisten Menschen wünschen sich beispielsweise Aufmerksamkeit und Respekt. Schaut man aber genauer hin, wird es gleich kompliziert: Was der eine als Aufmerksamkeit schätzt, interpretiert der andere möglicherweise schon als Neugierde und ein Dritter gar als Aufdringlichkeit. Und was »Respekt« bedeutet, dürfte ein 70-Jähriger in der Regel anders sehen als ein 17-Jähriger.

»Behandle den anderen so, wie du behandelt werden willst« ist daher eine riskante Strategie. Angemessener wäre: »Behandele den anderen so, wie er oder sie behandelt werden will!« Menschen sind verschieden, und wer alle gleich behandelt, wird nie alle erreichen. Das gilt auch für den Versuch, Mitarbeiter zum Handeln zu bewegen, denn nichts anderes ist ja gemeint, wenn wir von »motivieren« sprechen. Nehmen wir zum Beispiel an, Sie sind in einer ähnlichen Lage wie Firmenpatriarch Reinhold Würth weiter oben: Die Unternehmenszahlen sind nicht wie erwartet, es muss sich etwas ändern. Ihr eigener Chef macht mächtig Druck. Also finden Sie in der Abteilungsbesprechung deutliche Worte und halten eine energische Gardinenpredigt unter dem Motto »Es ist fünf vor zwölf – wir müssen schleunigst die Ärmel hochkrempeln und die Probleme anpacken!« Vielleicht haben Sie ja im Laufe vieler Jahre eine Truppe um sich geschart, die einen freundlichen Tritt in den Allerwertesten schätzt und tatendurstig den Besprechungsraum verlässt. Wahrscheinlicher ist jedoch, dass jeder am Tisch auf seine Weise reagiert. Je nach Naturell wären zum Beispiel folgende Reaktionen denkbar, im Stillen oder offen ausgesprochen:

- »Ach du Schande, das wird eng! Wie soll das bloß weitergehen? Hoffentlich verliere ich nicht meine Stelle. Gestern hat der Chef schon so unfreundlich geguckt ...«

- »Pah, nichts wird so heiß gegessen, wie es gekocht wird. Nur die Ruhe und nichts überstürzen – da haben wir schon ganz andere Dinge überstanden.«

- »Wird aber auch Zeit! Das sage ich ja schon lange, dass es so nicht weitergehen kann. Ich schlage vor, wir sollten schleunigst ... Oder ist da etwa einer anderer Meinung?«

- »Macht euch keinen Kopf, Leute, das kriegen wir schon hin! Am besten, wir setzen uns mal ganz in Ruhe zusammen und überlegen gemeinsam ...«

Hinter diesen Beispielreaktionen verbirgt sich eine uralte Typologie, die auf den griechischen Arzt Hippokrates zurückgeht: die der vier Temperamente. Schon im 5. Jahrhundert vor Christus beschrieb Hippokrates den Melancholiker als traurig und grübelnd, den Phlegmatiker als apathisch und träge, den Choleriker als aufbrausend und reizbar und den Sanguiniker als fröhlich und aktiv. Für Hippokrates bestimmten die jeweils dominierenden Körpersäfte die Persönlichkeit – »schwarze Galle« beim Melancholiker, »Schleim« beim Phlegmatiker, »gelbe Galle« beim Choleriker und Blut beim Sanguiniker. Das ist natürlich haltlos und hat heute allenfalls noch poetische Qualität. Dennoch ist Hippokrates der modernen Persönlichkeitspsychologie näher, als man vermuten könnte.

Persönlichkeit wird in der Psychologie beschrieben als die »einzigartigen psychologischen Eigenschaften eines Individuums, die eine Vielzahl von charakteristischen (offenen und verdeckten) Verhaltensmustern über verschiedene Situationen und den Lauf der Zeit hinweg beeinflussen«.[203] Wer die Persönlichkeit eines Menschen entschlüsselt, versteht also, warum er so handelt, wie er handelt, und kann gleichzeitig zukünftiges Verhalten mit einer gewissen Wahrscheinlichkeit prognostizieren. Kein Wunder also, dass gerade die Wirtschaftspsychologie an fundierten Persönlichkeitseinschätzungen interessiert ist und auf einschlägige Tests setzt (mehr dazu unter »Psychotests für Motivatoren«). Wie schon bei Hippokrates besteht ein Grundanliegen der Psychologen darin, die Vielfalt menschlicher Charaktere in einer überschaubaren Typologie zu sortieren. Pionierarbeit leisteten dabei in den Dreißigerjahren des letzten Jahrhunderts der Harvard-Psychologe Gordon Allport und sein Kollege H. S. Odbert, die in einem ersten Schritt die rund 18 000 Adjektive, die das Englische laut »Websters Wörterbuch« für Personenbeschreibungen kannte, auf rund überschneidungsfreie 4500 Eigenschaften reduzierten. Ihr Kollege Raymond Cattell strich diese in den Siebzigerjahren auf 171 grundliegende Persönlichkeitszüge (»Traits«) zusammen und entwickelte einen Persönlichkeitstest, der unter dem Schlagwort »16-PF« (16 Persönlichkeitsfaktoren) bis heute im Einsatz ist. Hans Eysenck schließlich postulierte wenig später drei grundlegende Persönlichkeitsdimensionen, die er als Kontinuum verstand:

- Extraversion (nach innen oder nach außen orientiert),
- Neurotizismus (emotional stabil versus emotional labil),
- Psychotizismus (freundlich/rücksichtsvoll versus aggressiv/asozial).

Abbildung 3 Der Persönlichkeitskreis von Hans Eysenck

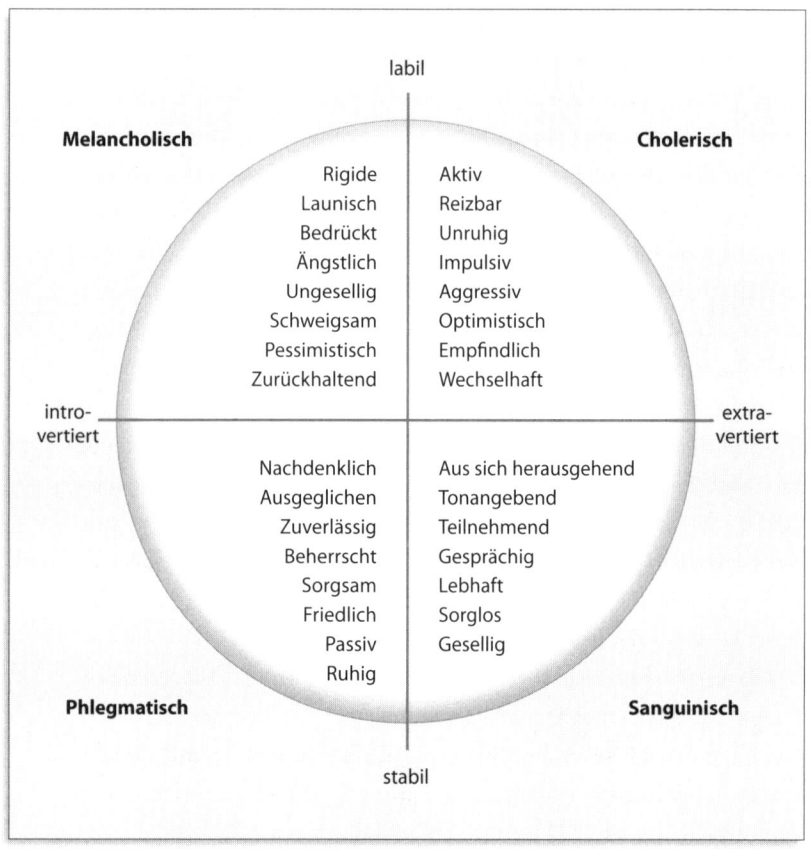

Die ersten beiden Dimensionen kombinierte Eysenck zu einem kreisförmigen Diagramm, das in verblüffender Weise den Temperamenten von Hippokrates entspricht, dem sogenannten Persönlichkeitskreis.

Auch eins der beliebtesten Persönlichkeitsmodelle unserer Zeit, das DISG-Modell, operiert mit vier Grundtypen. Das Kürzel steht für »Dominant« – »Initiativ« – »Stetig« – »Gewissenhaft«. Entsprechend der Farbgebung in populären Darstellungen des Modells[204] wird in manchen Unternehmen wissend von »roten« (dominanten), »gelben« (initiativen), »grünen« (stetigen) und »blauen« (gewissenhaften) Typen gesprochen. Das illustriert die Problematik solcher Typologien: Sie laden dazu ein, Menschen in Schubladen zu stecken, auch wenn natürlich jedes Modell betont, dass eine Reihe von »Mischtypen« existiert und niemand eins zu eins einen »Typ« verkörpert. Es ist ein weiter Weg von 18 000 Eigenschaftsbeschreibungen zu vier bunten Kästen. Komplizierte Differenzierungen bleiben dabei im hektischen Alltag erfahrungsgemäß auf der Strecke.

Die vier Grundtypen des DISG-Modells basieren auf zwei Fragen

1. Wie nimmt eine Person ihr Umfeld wahr – tendenziell eher als anstrengend und stressig oder als angenehm?
2. Wie reagiert eine Person auf ihr Umfeld – eher zurückhaltend oder eher bestimmt?

Daraus ergibt sich folgende Taxonomie:

»Dominante« und »initiative« Menschen gestalten ihr Umfeld aktiv, während »gewissenhafte« und »stetige« Menschen eher zurückhaltend (re-)agieren. »Dominante« und »gewissenhafte« Menschen verbindet, dass sie ihre Umwelt eigenen Regeln unterwerfen wollen, während »initiative« und »stetige« im harmonischen Einvernehmen mit ihr handeln möchten. Extrem verkürzt ergibt das

Abbildung 4 Das DISG-Modell im Überblick

DISG-Modell		Wahrnehmung des Umfelds	
		als anstrengend	als angenehm
Reaktion auf das Umfeld	bestimmt	**Dominant**	**Initiativ**
	zurückhaltend	**Gewissenhaft**	**Stetig**

- *die dominanten (roten) Machertypen*, die zielstrebig und handlungsorientiert sind, dabei auf die Gefühle anderer weniger Rücksicht nehmen;

- *die initiativen (gelben) Visionäre*, die mit ihrem Enthusiasmus andere mitreißen, im Überschwang jedoch gelegentlich den Überblick verlieren;

- *die gewissenhaften (blauen) Analytiker*, die überlegt handeln und Wert auf Genauigkeit legen, andere durch Vorsicht und Detailverliebtheit jedoch manchmal zur Verzweiflung bringen;

- *die stetigen (grünen) Teamworker*, die rücksichtvoll auf andere zugehen und Wert auf harmonische Zusammenarbeit legen, dafür aber Konfliktfreudigkeit und Initiative vermissen lassen.[205]

Wahrscheinlich sind vor Ihrem geistigen Auge gerade einige Kollegen aufgetaucht, die perfekt in diese Schubladen passen. Wir bilden uns ein Urteil über andere, wir können gar nicht anders! Und auch wenn es begründete Kritik gerade am DISG gibt – der Test basiert im Kern auf einem Modell aus den Dreißigerjahren, die wissenschaftliche Validierung steht auf wackeligen Füßen, getestet wird nicht über situative Fragen, sondern mittels einer fehleranfälligen Selbstbeschreibung der Befragten[206] –, sensibilisiert er dafür, dass Unterschiede im Handeln und Reagieren nicht aus »Unfähigkeit« eines Menschen oder gar aus »böser Absicht« resultieren, sondern aus einem unterschiedlichen Zugang auf die Welt und unterschiedlichen Strategien, mit ihren Herausforderungen umzugehen. Der DISG-Test kann somit eine wichtige Basis sein, um individueller zu motivieren.

Es gibt eine Reihe weiterer, zum Teil sehr komplexer Persönlichkeitsmodelle, denn die Psychologie kann sich bis heute nicht auf einen verbindlichen Ansatz einigen. Sie alle vorzustellen fehlt hier der Platz, und es wäre für Ihren Alltag auch nur von begrenztem Nutzen (einige Testverfahren werden im nächsten Kapitel kurz angesprochen). Wenn Sie einem Mitarbeiter gegenüberstehen, werden Sie sich auch weiterhin vor allem auf Ihr intuitives Urteil verlassen müssen. Im Führungsalltag können Sie nicht jedes Mal eine umfangreiche Testbatterie initiieren, bevor Sie handeln. Allerdings profitieren Sie davon, wenn Ihre Intuition durch das Bewusstsein ergänzt wird, wie unterschiedlich Menschen tatsächlich sind und wie verschieden ihre Bedürfnisse sind – auch und gerade, wenn es um Motivation geht. Sie müssen nicht zwölf Semester Psychologie studiert haben, um zu ahnen, dass jeder DISG-»Typ« unterschiedliche Impulse braucht, um ins Handeln zu kommen:

»Typgerechte« Motivationsimpulse

Dominante/r

- *Antreiber:* will etwas erreichen, anderen vorangehen
- *Motivierend:*
  - Wettbewerb
  - Führungsrolle ermöglichen
  - Ehrgeizige Ziele zutrauen und Freiräume geben
  - Aufstiegsmöglichkeiten bieten
  - Leistung wertschätzen
  - Anspornen und herausfordern
- *Demotivierend:*
  - als kleinlich und einengend empfundene Vorschriften

Initiative/r

- *Antreiber:* will gemeinsam die Welt verändern
- *Motivierend:*
  - Chancen eröffnen, Möglichkeiten ausmalen
  - Kommunikative Fähigkeiten einbeziehen
  - Emotionen zeigen und zulassen
  - Ideenreichtum wertschätzen
  - Begeistern und einbeziehen
- *Demotivierend:*
  - Routine, Beharren auf präziser Detailarbeit

Stetige/r

- *Antreiber:* will gemocht werden
- *Motivierend:*
  - Berechenbarkeit, ein geordnetes Umfeld schaffen
  - Zusammenarbeit mit anderen ermöglichen/anregen
  - Teamleistung betonen, um Unterstützung bitten
  - Verlässlichkeit wertschätzen
  - Ermutigen und Sicherheit geben
- *Demotivierend:*
  - Druck, stark wettbewerbsorientiertes Umfeld

Gewissenhafte/r

- *Antreiber:* will seine Sache gut machen (Perfektion)
- *Motivierend:*
  - Mit Strukturen und Regeln argumentieren
  - Durchdachte Planung erläutern
  - Genügend Zeit und Kontrolle über die eigene Arbeit einräumen
  - Qualität und Genauigkeit wertschätzen
  - Expertise anerkennen
- *Demotivierend:*
  - Hektik, Oberflächlichkeit, Zickzackkurs

Es bringt wenig, einem gewissenhaften Mitarbeiter zu empfehlen, »sich mal locker zu machen«, oder einen harmonieorientierten Teamworker (»Stetigen«) mit energischem Klartext anspornen zu

wollen. Jeder wird tatsächlich nach seiner Fasson selig. Eine erfolgreiche Führungskraft muss bereit sein, genau hinzuschauen, denn
Motivation funktioniert immer situativ und individuell. Ein guter
»Motivator« erkennt, was der andere braucht, um ins Handeln zu
kommen. Das kann beim einen die energische Aufforderung zum
Handeln sein (also der berüchtigte Tritt in den Allerwertesten),
beim anderen die geduldige Ermutigung, beim einen der Wettbewerb mit Kollegen, beim anderen das harmonische Miteinander.
Und auch, wenn ich mir damit den Zorn mancher Feministin zu-
ziehe: Frauen ticken in diesem Punkt eindeutig anders als ihre Kollegen. Wettbewerbsorientierte Anreizsysteme wie bei Würth funktionieren meiner Beobachtung nach unter Männern besser. Was
sie anspornt, schreckt Frauen tendenziell eher ab. Das erklärt, warum etwa ein Pharmaunternehmen aus meinem Kundenkreis Unterstützung in Sachen Motivation brauchte: Dem Vertrieb hatte
man ein »typisch männliches« Anreizsystem verordnet. Allerdings
arbeiteten dort überwiegend Frauen, und bei ihnen lösten Rang-
folgen und Prämien für Bestleistungen Unbehagen aus. Das ging
so weit, dass Mitarbeiterinnen sich weniger ins Zeug legten oder
Abschlüsse auf den nächsten Monat verschoben, um öffentlichen
Belobigungen zu entgegen. Viele Männer haben damit überhaupt
kein Problem, ganz im Gegenteil. Und der schlaue Personaler, der
das Anreizsystem ausgeheckt hatte, war – Sie ahnen es – ein Mann.
Offener Wettbewerb ist unter Frauen vielfach verpönt, während
mir schon mein vierjähriger Sohn unverblümt erklärt: »Ich will der
Beste sein!« Auch beim Sport scheiden sich an der Motivation die
Geschlechter, zum Beispiel beim Marathonlauf: Männer sagen, sie
wollen sehen, »wie weit ich in der Rangliste nach vorne komme«,
Frauen nennen Sinnsuche oder Schönheit: Sie möchten ihr Ge-
wicht halten. Das fanden Wissenschaftler der Universität Birming-
ham bei der Befragung von über 900 Sportlern heraus.[207] Erstaun-
licherweise ist die wissenschaftliche Datenlage zum Thema
»Motivation und Geschlecht« insgesamt ziemlich dürftig, wie auch
Marlies Pinnow, Leiterin der Forschungsgruppe Motivation an der

Universität Bochum, in einem Überblicksartikel zu »Gendering Motivation« bemängelt.[208] Wenn Sie also noch ein Dissertationsthema suchen...

Einfache Motivationsrezepte können also nach hinten losgehen, denn wie schon gesagt: Jeder wird nach seiner Fasson selig. Paradoxerweise reklamieren wir dieses Recht ganz selbstverständlich für uns selbst, während wir von anderen mit der gleichen Selbstverständlichkeit verlangen, sie sollten sich doch bitte schön ändern – natürlich so, dass wir leichter mit ihnen zurechtkommen! Mit anderen Worten: Sie sollen sich unseren Vorlieben anpassen. Wie einfach wäre das Leben, wenn der Mitarbeiter nicht so überpenibel (oder so chaotisch), die Chefin nicht so fordernd (oder so lasch), der Kollege nicht so verschlossen (oder so redselig) wäre, kurz, wenn alle so wären wie wir selbst! Oder wenn Frauen so wären wie Männer... Das wollen Sie doch nicht wirklich, oder? Ziel dieses Kapitels ist also nicht, Sie zu einem Hobbypsychologen zu machen, der mit zuverlässigem Röntgenblick ruck zuck Mitarbeiter einsortieren kann. Das gelingt oft nicht einmal Profis, denn so trivial sind Menschen nicht. Der eigentliche Nutzen der Persönlichkeitspsychologie für das Alltagshandeln besteht eher in der Sensibilisierung des Einzelnen dafür, dass andere Menschen anders sind (und ein Recht auf diese Andersartigkeit haben!), nicht darin, Menschen durch eine beliebige Zahl an Typschubladen berechenbar zu machen. Menschen sind Gleichungen mit vielen Unbekannten. Im Zweifelsfall bringt es eine Führungskraft immer weiter, genau hinzusehen und den Mitarbeiter offen zu fragen, als im Gedächtnis zu kramen, ob das gezeigte Verhalten nun eher rot, blau, gelb oder grün ist. Nützliche Fragen sind zum Beispiel:

- Wie geht es Ihnen damit?
- Sie zögern – was stört Sie daran?
- Was wünschen Sie sich von mir?
- Was kann ich tun, um Sie da besser zu unterstützen?

Kennzeichen einer reifen Persönlichkeit ist es, das andere zu erkennen – und schwerer noch – anzuerkennen. Sympathie ist wahrgenommene Ähnlichkeit, so eine bewährte Psychologenregel. Wer so tickt wie wir, wer unsere Ansichten teilt, den mögen wir. Wer uns Anstrengung abverlangt, den mögen wir weniger. Gibt man diesen Impulsen im Unternehmen unreflektiert nach, sorgt man für Frust und schafft ungesunde und auf Dauer kaum erfolgreiche Monokulturen. Dennoch erfolgen Stellenbesetzungen nicht selten nach dem Ähnlichkeitsprinzip. Warum sonst müsste man mühsam »Diversity«-Programme auflegen? Wer diese Reflexe überwinden will, muss in der Lage sein, gelegentlich auf Distanz zu sich selbst zu gehen. Selbsterkenntnis ist tatsächlich der erste Weg zur Besserung, auch in Sachen Motivation – eine ziemliche Herkulesaufgabe, wie schon der Psychoanalytiker C. G. Jung wusste: »Es ist eine Tatsache, die mir in meiner praktischen Arbeit immer wieder überwältigend entgegentritt, dass der Mensch nahezu unfähig ist, einen anderen Standpunkt als seinen eigenen zu begreifen und gelten zu lassen«.[209]

Mit Problembewusstsein ist dabei ein erster Schritt getan. Angesichts der Popularität der Gehirnforschung ist auch Laien heute die Selektivität und Unzuverlässigkeit unserer Wahrnehmung bewusst. Wir wissen, dass Emotionen unser Verhalten viel stärker steuern, als wir wahrhaben wollen (ja, auch bei Männern, und ja, auch im Geschäftsleben). Wir neigen dazu, uns binnen Sekunden ein Urteil über eine Person zu bilden und an diesem unverdrossen festzuhalten. Dabei »hilft« uns wiederum die Selektivität unserer Wahrnehmung (wir sehen bevorzugt, was wir erwarten, und blenden Gegenteiliges aus), und dabei wirken auch logische Fehlschlüsse wie etwa der »Halo-Effekt«, mit dem wir von einer bekannten Eigenschaft unbewusst auf unbekannte schließen, etwa von Größe auf Durchsetzungskraft oder von gutem Aussehen auf einen guten Charakter. Wir gehen im Alltag so oberflächlich miteinander um, dass Amazon in Zeiten des Data-Mining seine Kunden vermutlich besser kennt als mancher Chef seine Mitarbeiter. Auch ein Prinzip, das der Sozialpsychologe Norman H. Anderson schon in den Sechzigerjahren formulierte, stimmt nachdenklich: Was ein Beobachter über einen Beobachteten aussagt, sagt mehr über den Beobachter aus als über den Beobachteten.[210] Was also sagt es über Sie, wenn Sie an einem Mitarbeiter verzweifeln und sich sicher sind: *Den* können Sie nicht motivieren? Anregungen, wie Sie sich selbst und Ihren Fähigkeiten und Begrenzungen als Motivator auf den Grund gehen können, finden Sie im letzten Kapitel.

Psychotests für Motivatoren

Wie gut kennen Sie sich selbst? Wie zuverlässig können Sie Ihre Wirkung auf andere einschätzen? Wer auf der Karriereleiter schon etliche Sprossen hinter sich gebracht hat, kann dazu mit Leichtigkeit eine sozial erwünschte Antwort improvisieren. Doch hier geht es nicht um Wunscheindrücke im Vorstellungsgespräch, sondern um den Langzeittest im Alltag. Und da kommen Sie mit echter Selbsterkenntnis am weitesten. Es ist die Aufgabe einer Führungskraft, sich ihrer eigenen Persönlichkeit mit ihren Stärken und Schwächen sowie ihrer Außenwirkung bewusst zu sein. Sind Sie eher der verständnisvolle Kumpelchef, der in einem harmonischen Team bestens zurechtkommt, wettbewerbsorientierte Mitarbeiter jedoch zur Weißglut bringt? Oder sind Sie der fordernde Würth-Typ, mit dem ehrgeizige Mitarbeiter Aufstiegshoffnungen verbinden, während Sie stillere Menschen in die innere Kündigung treiben? Oder haben Sie ganz andere Qualitäten als Motivator?

Wege zur Selbsterkenntnis

Die Teamleiterin, die keine Chance auf die Abteilungsleitung hat, weil ihre Tischmanieren so gewöhnungsbedürftig sind, dass man

Abbildung 5 JOHARI-Fenster

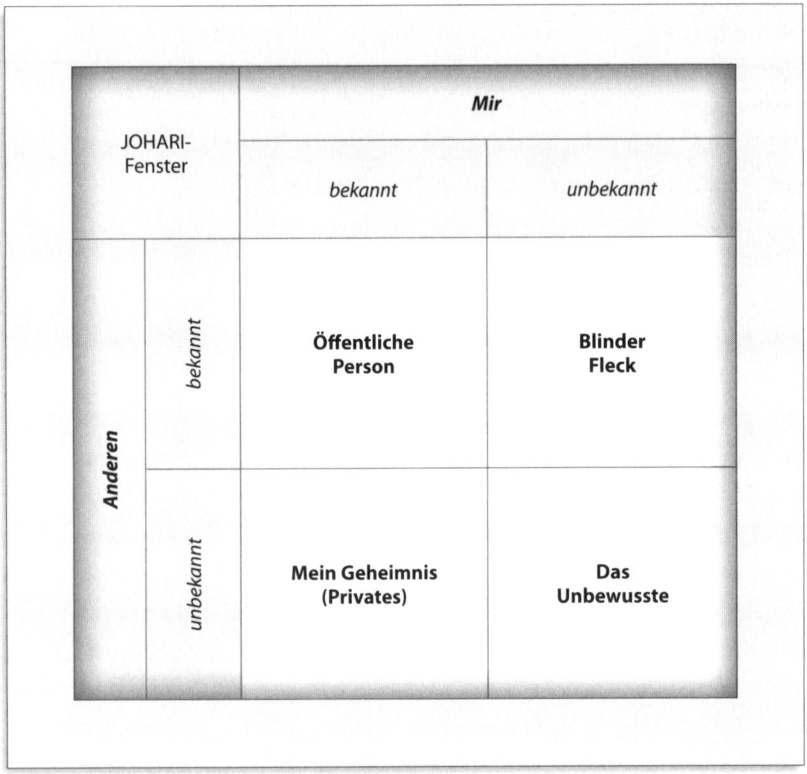

JOHARI-Fenster		Mir	
		bekannt	unbekannt
Anderen	bekannt	**Öffentliche Person**	**Blinder Fleck**
	unbekannt	**Mein Geheimnis (Privates)**	**Das Unbewusste**

sie »nicht auf Firmenkunden loslassen will«, oder der Juniorchef, der als Problemfall gilt, weil er Mitarbeiter durch barsches Auftreten vor den Kopf stößt: zwei Beispiele für blinde Flecken in der Selbstwahrnehmung. Was solche Wahrnehmungslücken ausmacht, verdeutlicht das »JOHARI-Fenster«, das nach seinen Erfindern, den Sozialpsychologen Joseph Luft und Harry Ingram, benannt ist. Blinde Flecken bleiben uns selbst verborgen, während sie unserer Umgebung deutlich ins Auge springen. Das ist wie beim Firmenvorstand, dessen missverständliche Scherze bei seinen Mitarbeitern gefürchtet werden, während er sich selbst für einen begnadeten Redner hält. Ich war Zeuge, wie der Mann bei einem Kick-off-Meeting die abgelesene Rede an die Gesamtbelegschaft spontan ergänzte. Während seine Assistentin erstarrte, als ihr Chef das Manuskript beiseitelegte, erklärte der schon schwungvoll: »Das war ein tolles Jahr, und das wird heute eine tolle Veranstaltung. Und die im nächsten Jahr wird noch toller, mit halb so vielen Mitarbeitern bei gleichem Budget! *(Pause)* Und nun viel Spaß beim Motivationsvortrag von Rolf Schmiel…« Möglicherweise wundert sich der Mann immer noch über den plötzlichen Stimmungsumschwung im Auditorium, wo er doch nur darauf anspielte, dass künftig mehr Geld für solche Veranstaltungen bereitgestellt wird. Blinde Flecken können wir durch Nachdenken über uns selbst nicht auflösen, weil wir Gefangener unserer Eigenwahrnehmung bleiben. Wir brauchen dazu Feedback von außen. Und jeder von uns hat blinde Flecken.

»Frühstück für Helden«

…so nennen die Amerikaner Feedback. Nicht nur, weil man manchmal Heldenmut braucht, um die ungeschminkte Wahrheit über sich selbst zu ertragen, sondern auch, weil Feedback uns hilft, die Stolpersteine auf dem Weg zu mehr Erfolg beiseitezurollen. Wir selbst sehen uns häufig durch eine rosarote Brille. Das beginnt schon beim Aussehen: Viele Menschen halten sich für deutlich attraktiver, als sie sind. In Versuchen erkennen sich Probanden in einer großen Fotoauswahl dann am schnellsten wieder, wenn ihr Bild elektronisch geschönt wurde. Ein realistisches Foto wirkt offensichtlich fremder auf uns als eine schmeichelhafte Photoshop-Variante. Die schlechte Nachricht lautet also: Sie sehen vermutlich wirklich so aus wie auf Ihrem Passfoto. Und es kommt noch schlimmer:

- 70 bis 90 Prozent der Autofahrer halten ihre Fahrkünste für überdurchschnittlich, ergaben Studien. Erstaunlich, dass man selbst ständig von lauter Sonntagsfahrern umgeben ist!

- 94 Prozent der Professoren, die an einer US-Studie teilnahmen, hielten ihre Leistung für überdurchschnittlich. Fast ebenso viele sind wahrscheinlich überzeugt, dass der Kerl oder die Lady im Nachbarbüro ein Dünnbrettbohrer ist.

- 81 Prozent der Existenzgründer in den USA glauben, dass ihre Firma die ersten fünf Jahre übersteht. Mehr als die Hälfte irrt sich: Tatsächlich sind es nur 35 Prozent.

- Nur 28 Prozent der Deutschen sehen die Zukunft des Landes positiv, ihre eigene Zukunft beurteilen jedoch mehr als doppelt so viele günstig, nämlich 63 Prozent, ergab eine Studie der Universität Hohenheim.[211] Wenn es bergab geht, dann also nur mit den anderen.

Optimismus ist im Leben sicher hilfreich, und eine optimistische Selbsteinschätzung stützt den Selbstwert. Sie kann aber auch Bruchlandungen vorprogrammieren. Gleichen Sie daher Selbstbild und Fremdbild gelegentlich ab, um nicht irgendwann sehr unsanft auf dem Boden der Tatsachen aufzuprallen.

Selbst ernannte Motivationsgurus (siehe Teil II) raten gern dazu, sich »ein positives Umfeld« zu suchen. Wer sich mit Erfolgsmenschen umgebe, werde selbst erfolgreicher. Auch das ist eine rosarote Halbwahrheit: Natürlich brauchen wir Menschen, die uns anspornen und ermutigen. Doch wer alle Kritiker aus seiner Umgebung verbannt, landet rasch in einer Scheinwelt. Das Erfolgsrezept besteht nicht darin, Kritik aus dem Weg zu gehen, sondern darin, sie anzunehmen, ohne sich von ihr überwältigen zu lassen. Erst das eröffnet die Chance auf persönliche Weiterentwicklung. Dazu möchte ich Ihnen kurz zwei Königswege und zwei Abkürzungen vorstellen.

Königsweg 1: 360-Grad-Feedback Auch wenn Reinhard K. Sprenger 360-Grad-Beurteilungen den »Charme der Totalüberwachung« attestiert, halte ich die systematische Erhebung von Feedback im Unternehmenskontext bei sachgemäßer Durchführung für hilfreich.[212] »360 Grad« bedeutet: Die Führungskraft erhält auf der Basis eines standardisierten Fragebogens ein anonymisiertes Rundum-Feedback, sowohl von eigenen Vorgesetzten als auch von Mitarbeitern, Kollegen, Kunden und/oder Lieferanten. Zusammen mit der Selbsteinschätzung des Betroffenen sind diese Fremdbilder Grundlage für Überlegungen zur Verhaltensoptimierung. Ein professionelles 360-Grad-Feedback fragt nach konkreten Verhaltensweisen, nicht nach Hypothesen über den Charakter. Ferner wird es nicht als Selektionsinstrument missbraucht (z. B. nicht während einer Krise des Unternehmens eingesetzt). Die Führungskraft diskutiert die Ergebnisse mit einem Personalexperten (z. B. einem Coach), um auszuloten, ob und wie sie ihr Verhalten verändern will. Das bedeutet auch: Sinnvoll ist dieses Instrument nur, wenn Veränderungsbereitschaft besteht. Wer von seiner eigenen Genialität überzeugt ist und bleiben will, sollte lieber darauf verzichten, denn die Fremdbilder könnten desillusionierend ausfallen. Echte Senkrechtstarter indes wissen Anregungen zur Selbstoptimierung zu schätzen: Ich hatte das Glück, David Copperfield auf dem Zenit seiner Karriere nach einer Vorstellung in seiner Garderobe zu erleben. Der weltbekannte Magier hörte sich die Lobhudeleien der Anwesenden mit wachsender Ungeduld an und forderte schließlich von jedem eine Idee ein: »Alles gut und schön. Aber was kann ich besser machen?«

Copperfield illustriert damit: Es muss nicht zwingend ein teures Personalentwicklungsinstrument sein. Auch informelles Feedback ist nützlich, wenn Sie glaubhaft um ehrliche Einschätzungen bitten und die richtigen Leute fragen. Ein stark vereinfachtes 360-Grad-Feedback könnte so aussehen: Bitten Sie fünf Personen, jeweils zehn für Sie typische Merkmale in Stichpunkten zu notieren. Fragen Sie nicht ausschließlich Menschen aus Ihrem engsten Freundeskreis, sondern gezielt auch Personen, die Ihnen gegenüber eher skeptisch eingestellt sind. Vorsicht: Diese Methode erfordert Nervenstärke, denn es können sehr schmerzhafte Wahrheiten auf den Tisch kommen. Lassen Sie die Ergebnisse auf sich wirken und bitten Sie um Erläuterung überraschender Punkte, sobald Sie sich wieder gefasst haben. Fragen Sie offen nach, ohne den anderen in die Defensive zu drängen. Also eher »Was steckt hinter dieser Einschätzung?« als »Wie kommen Sie denn bloß darauf?!«. Seien Sie dankbar, wenn jemand den Mut zur Ehrlichkeit beweist, wo sich drücken viel einfacher wäre.

Königsweg 2: Psychologische Persönlichkeitsdiagnostik Die Psychologie hat im Laufe der letzten Jahrzehnte eine ganze Reihe von Persönlichkeitstests entwickelt. Diese wissenschaftlichen Testverfahren bestehen aus umfangreichen Fragenkatalogen, die den klassischen Gütekriterien der Objektivität, Validität und Reliabilität genügen müssen. Das bedeutet, die Tests liefern unabhängig vom Durchführenden zuverlässig und reproduzierbar Ergebnisse. Manche dieser Tests sind seit über einem halben Jahrhundert in Gebrauch und immer wieder aktualisiert worden (etwa der »16-Persönlichkeits-Faktoren-Test« in der revidierten Fassung, 16-PF-R), andere sind neueren Datums, wie etwa das »Bochumer Inventar zur berufsbezogenen Persönlichkeitsbeschreibung«, kurz BIP. Anders als viele Tests, die aus der klinischen Psychologie kommen, konzentriert sich der BIP auf berufliche relevante Persönlichkeitseigenschaften. Er hat noch einen weiteren wichtigen Vorteil, denn er ermöglicht neben der Selbsteinschätzung auch Fremdeinschätzungen von Personen aus dem beruflichen oder privaten Umfeld des Betreffenden.

»Den« Test, auf den sich alle Psychologen einigen können, gibt es nicht. Das hängt mit der oben beschriebenen Vielzahl der Persönlichkeitsmodelle zusammen. Weitere verbreitete Tests sind beispielsweise der Myers-Briggs-Typenindikator (MBTI), der auf der Typenlehre C.G. Jungs basiert und in Trainerkreisen sehr beliebt ist, oder das NEO Personality Inventory (revidierte Fassung, NEO-PI-R), das auf dem Fünf-Faktoren-Modell der Persönlichkeit (informell: »Big Five«) beruht und Persönlichkeit nach den Faktoren Extraversion, Verträglichkeit, Gewissenhaftigkeit, Neurotizismus und Offenheit für Erfahrungen »vermisst«. Seriöse Persönlichkeitsdiagnostik setzt nicht auf ein einziges Instrument, sondern auf mehrere

Tests, um ein ganzheitliches Bild zu erhalten. Außerdem bleiben Sie nicht mit den Erkenntnissen allein, sondern diskutieren die Ergebnisse mit einem Profi. Auch dadurch ist die Interpretation fundierter als bei einer Einschätzung durch die eigene Brille. Misstrauisch sollten Sie werden, wenn man Ihnen Schriftgutachten oder Klecksbilder (Rorschach-Test) als seriöse Diagnostik verkaufen will.

Wissenschaftliche Tests sind kein Wundermittel, das unbekannte Dimensionen einer Persönlichkeit entlarvt. Ein psychisch gesunder Erwachsener weiß schon einiges über sich. In der Hektik des Alltags fehlt vielen Menschen allerdings die Zeit, dem wirklich auf den Grund zu gehen. Auch sind wir uns oft über den Ausprägungsgrad unserer Eigenschaften nicht im Klaren: Wie durchsetzungsstark, gewissenhaft, sensibel oder handlungsorientiert sind wir auf einer Skala, die an einer großen Vergleichsgruppe geeicht wurde? Möglicherweise ist das, was wir selbst als »normal« ansehen, in Wahrheit deutlich überdurchschnittlich ausgeprägt. Welche Folgen hat das für Motivation und Zusammenarbeit? Der entscheidende Nutzen von Tests besteht in einer fundierten Diskussion der Ergebnisse. Insofern kann es sich lohnen, selbst in eine Potenzialanalyse zu investieren, die nicht im Kontext betrieblicher Auswahlprozesse steht. Denn auch der beste Test kann nur so gut messen, wie Sie es zulassen.

Abkürzung 1: Persönlichkeitstests im Internet Wer professionelle Verfahren zu aufwendig oder zu teuer findet, kann sich auch im Internet ein wenig selbst analysieren. Aber Vorsicht: Die Qualität der Testverfahren schwankt sehr. Hier einige Beispiele für brauchbare Tests, die einen ersten Eindruck geben:

- *www.psychomeda.de/online-tests/persoenlichkeitstest.html*
  Ein kurzer »Big-Five-Persönlichkeitstest«, der auch Grundmotive (Handlungsantreiber) erhebt: Wie stark sind das Bedürfnis nach Anerkennung, nach Sicherheit und nach Einfluss und Macht ausgeprägt? Die Auswertung erfolgt auf der Basis einer repräsentativen Normstichprobe von 3000 Teilnehmern.

- *http://de.41q.com*

  »41 Fragen. 1 Persönlichkeit«, so das Motto dieses Tests, der vier Dimensionen erhebt (extrovertiert/introvertiert, fühlend/intuitiv, denkend/gefühlvoll, beurteilend/wahrnehmend) und sich wie der MBTI auf C. G. Jungs Typenlehre beruft.

- *http://spiele.sueddeutsche.de/eqtest*

  Unter der Überschrift »Wie lebensklug sind Sie?« misst der Test der *Süddeutschen Zeitung* mit 100 situativen Fragen nach dem Muster *Was tun Sie, wenn ...* die »Emotionale Intelligenz«. Gemeint ist die Fähigkeit, Beziehungen zu knüpfen und sozial kompetent mit anderen Menschen umzugehen. Am Ende stehen ein Stärken-Schwächen-Profil und Vorschläge für persönliche Entwicklungsmöglichkeiten.

- *www.ipersonic.de*

  Ein in vier Schritten rasch absolvierter Typentest der Psychologin und Autorin Felicitas Heyne, der zu einer Kurzcharakteristik führt, die berufliche und private Aspekte einschließt. Wer mehr wissen will, muss zahlen.

Brauchbare Persönlichkeitstest gibt es auch in einem Bereich, in dem man es nicht unbedingt erwartet: auf Dating-Plattformen. Ja, richtig gelesen! Sie können ab sofort mit gutem Gewissen bei Elite-Partner & Co. vorbeisurfen. Die dort installierten »Matching«-Programme basieren auf Analysesystemen, die einen guten Einblick in die eigene Persönlichkeit geben. In der Regel sind diese Tests sogar kostenlos. Die Marktführer Parship, Elitepartner und eDarling haben in Zusammenarbeit mit Psychologen umfangreiche Fragebögen entwickelt. Professor Franz J. Neyer von der Universität Jena, hält sie für eine erste Rückmeldung zu individuellen Besonderheiten für »durchaus geeignet«, auch wenn eine »tiefer gehende Persönlichkeitsdiagnostik« auf diesem Weg nicht möglich ist.[213]

Abkürzung 2: Kommerzielle Verfahren Weniger heiter, aber mit einem höheren Selbstanspruch kommen die in der Arbeitswelt bekannten und beliebten Tests wie das Reiss-Profil oder die DISG-Analyse daher. Die Lebensmotive von Steven Reiss wurden in Teil II kurz vorgestellt (im Abschnitt 4: Humanistische Psychologie); das Persönlichkeitsmodell des DISG weiter oben in diesem Kapitel. Analysen bieten im ersten Fall das Kölner Institut für Lebensmotive, im zweiten die Persolog GmbH im süddeutschen Remchingen. Weitere Anbieter finden Sie im Internet.

Generell gilt: Mal kurz den Test zu machen und ihn dann beiseitezulegen ist ungefähr so wirksam, wie Diätrezepte zu lesen und dazu Pizza zu essen! Nutzen Sie Tests als Anregung zur Selbstreflexion und zum Austausch mit anderen. Interessante Fragen können sein:

- Wie gehen Sie Aufgaben normalerweise an, und wie wirkt das möglicherweise auf andere?
- Was ist der Hauptantrieb in Ihrem Arbeitsleben? Wie viel Verständnis haben Sie für anders geartete Antreiber anderer?
- Wodurch inspirieren, beflügeln, ermutigen Sie andere Menschen?
- Wodurch ecken Sie bei anderen Menschen möglicherweise an?
- Mit wem gestaltet sich die Zusammenarbeit besonders gut, mit wem besonders schwierig?
- Was können und wollen Sie zukünftig ändern?

Wenn Sie in einen kommerziellen Test investieren, sollten Sie vorab sicherstellen, dass Ihnen das Auswertungsgespräch mit dem Psychologen konkrete Antworten auf solche Fragen gibt. Alles gut und schön, aber ein wenig mehr hatten Sie sich schon erhofft? Es juckt Ihnen in den Fingern, sich gleich hier und jetzt zu testen? Also gut: Hier kommt abschließend mein Schnelltest für Ungeduldige!

Schmiels Schnelltest: Einpeitscher, Partylöwe, Grübler oder Aussitzer?

Was für ein Motivationstyp sind Sie? Für einen Einblick in Ihre Persönlichkeit und Ihr Profil als Motivator habe ich einen kurzen Test entwickelt.

Obacht!: Dieser Schnelltest erhebt keinen wissenschaftlichen Anspruch, sondern bietet eine erste Orientierung. Er soll vor allem Spaß machen und Impulse geben. Trotzdem bin ich überzeugt, dass Ihnen die jeweils vorgeschlagenen »typgerechten« Motivationsstrategien im Führungsalltag nützlich sein können. Die Einteilung in die vier Kategorien geht auf die oben erwähnten Arbeiten von Hans Eysenck und auf Alfred Adler zurück. [214]

Bitte beantworten Sie die folgenden 13 Fragen ehrlich. Verkneifen Sie sich den alten Trick, erst zu lesen, welche Typen es gibt, sich den sympathischsten rauszusuchen und dann die passenden Antworten anzukreuzen. Das ist Selbstbetrug und hilft Ihnen kein bisschen weiter. Ein wichtiger Hinweis: Jeder Typus hat seine Stärken und Schwächen, insofern gibt es hier keine Gewinner oder Verlierer!

Der Schnell-Test: Was für ein Motivationstyp sind Sie?[215]

Frage 1: In Ihrer Kindheit wurden Sie von einem Ihrer Lehrer bloßgestellt. Welches Gefühl hat das längerfristig bei Ihnen ausgelöst?

a) Dem werde ich es noch zeigen!

b) Mir war es peinlich, wie ich vor den anderen blamiert wurde.

c) Das ist Schnee von gestern.

d) Es tat weh, aber er hatte Recht!

Frage 2: Sie blicken morgens in den Spiegel, was denken Sie?

a) Ich bin zu geil für diese Welt!

b) Die letzten Partys haben ihre Spuren hinterlassen, doch das war es wert.

c) Nichts – ich wasch mich einfach!

d) Tja, der Lack ist ab …

Frage 3: Sie treffen sich mit Freunden zu einem Spieleabend. Worum geht es Ihnen?

a) Ich will gewinnen!

b) Ich will Spaß haben!

c) Ich will einen schönen Abend erleben, das Spiel ist mir egal.

d) Ich will mich nicht blamieren!

Frage 4: Wohin geht es für Sie am ehesten in den Urlaub?

a) Aktivurlaub mit interessanten Herausforderungen.

b) Cluburlaub mit Animation und Party.

c) Das entscheidet meine/r Partner/in.

d) Wanderung durch die Eifel.

Frage 5: Was motiviert Ihrer Meinung nach ein Team am wahrscheinlichsten?

a) Ehrgeizige Ziele.

b) Gute Stimmung.

c) Gegenseitiges Vertrauen.

d) Vorbildliches Verhalten.

Frage 6: Das Fehlverhalten eines Mitarbeiters sollte man …

a) direkt und konsequent bestrafen.

b) in einem gemeinsamen Gespräch erörtern.

c) wahrnehmen und den Mitarbeiter intensiver beobachten.

d) genau analysieren und prüfen, ob es ähnliches Verhalten schon früher gab. Wenn ja, wird es Zeit für Konsequenzen.

Frage 7: Die Betriebsfeier steht an.

a) Ich gehe hin, um Kontakte zu knüpfen.

b) Ich gehe hin, um Spaß zu haben.

c) Ich gehe nicht hin. Ich bin abends zu müde.

d) Ich gehe nicht hin. Ich muss noch eine Akte bearbeiten.

Frage 8: Welche Belohnung ist nach einer Topleistung am empfehlenswertesten?

a) Eine deutliche Gehaltserhöhung.

b) Eine Luxus-Reise mit Partner/Partnerin und anderen erfolgreichen Kollegen.

c) Einzelne Topleistungen sind nicht entscheidend. Anerkennung verdient nur dauerhaft sehr gute Leistung.

d) Gute Arbeit muss nicht zusätzlich belohnt werden. Sie ist selbstverständlicher Bestandteil des Dienstleistungsvertrags.

Frage 9: Für die Leitung eines neuen Projekts wählt Ihr Chef nicht Sie, sondern einen Kollegen aus.

a) Ich ärgere mich sehr. Meine Führungsqualitäten sind eindeutig besser als seine!

b) Ich freue mich für ihn und bin der Erste, der ihm gratuliert.

c) Daran kann ich nichts ändern. Ich habe so gut gearbeitet, wie ich konnte. Wenn der Chef das nicht sieht, ist er selbst schuld.

d) Es ist jedes Mal das Gleiche! Obwohl ich immer sehr gute Leistungen bringe, werden meine Verdienste ignoriert.

Frage 10: Was sind Ihre längerfristigen Ziele?

a) Ich möchte irgendwann in der Führungsetage sitzen und sehr gut verdienen.

b) Ich möchte eine intakte Familie haben und genügend Zeit für meine Freunde.

c) Ich mache meinen Job und lasse einfach auf mich zu kommen, was passiert.

d) Ich möchte von mir sagen können, immer 100 Prozent gegeben zu haben.

Frage 11: In Ihrer Abteilung gibt es vier neue Projekte. Sie können sich aussuchen, in welchem Sie mitarbeiten wollen.

a) Ich entscheide mich für das Projekt, in dem ich die Führung übernehmen kann.

b) Ich entscheide mich für das Projekt, in dem meine Lieblingskollegen tätig sind.

c) Ich entscheide mich für das Projekt, was mich am wenigsten stresst.

d) Ich entscheide mich für das Projekt, in dem ich meine Kompetenz beweisen kann.

Frage 12: Welche Rolle nehmen Sie in einem Team ein?

a) Ich zeige, wo es langgeht. Sonst führt das ja zu nichts oder dauert viel zu lange.

b) Ich bin Unterhalter und Kummerkasten in einem.

c) Ganz egal. Ich werde mich nach meinen Möglichkeiten einbringen.

d) Ich bin eher ein Einzelgänger als ein Teamplayer.

Frage 13: Wie stehen Sie zum Thema Gesundheit?

a) Mein Körper ist eine Maschine, die ich pflege, damit ich leistungsstark bleibe.

b) Nicht nur Sport und gesunde Ernährung, sondern auch Tanzen und Sex halten den Körper fit.

c) Bei mir ist alles eigentlich ganz o.k.

d) Es gibt Wichtigeres. Körperlicher Verfall ist ohnehin nicht aufzuhalten.

Zählen Sie bitte, wie viele Treffer Sie bei a), b), c) und d) haben. Der Buchstabe, der am häufigsten vertreten ist, gibt am ehesten Ihren Persönlichkeitsstil wieder.

a) …   b) …   c) …   d) …

Die Auflösung finden Sie im Anmerkungsteil.[216]

Eins vorweg: Die provokant formulierten Typen sind natürlich augenzwinkernd gemeint. Die DISG-Einteilung nach Farben – Rot, Gelb, Grün und Blau – ist mir persönlich zu langweilig und ich bin mir sicher, dass Pointiertes Sie eher zum Weiterlesen anregt als braver Psychologenjargon.

Doch ernsthaft: Jeder Typus hat Stärken und Schwächen, und jeder kann ein guter Motivator sein – vor allem, wenn er seine starken Seiten und seine Schwachpunkte kennt. Es gibt in der Wirtschaft durchaus überdurchschnittlich erfolgreiche Grübler und Aussitzer. Wenn man selbst ein Partylöwe oder Einpeitscher ist, kann man das kaum glauben, doch gerade in Branchen, in denen es um strategische Planung, Detailversessenheit oder einen langen Atem geht, wie zum Beispiel in Forschung und Entwicklung, finden sich selten erfolgreiche Lautsprecher und Pusher. Hier kommt es auf andere Qualitäten an. Mehr dazu in der folgenden Auswertung.

Prominente Senkrechtstarter: Steve Jobs, Jeff Bezos. Wer hier die meisten Kreuze gemacht hat, befindet sich in schmeichelhafter Gesellschaft. Beide Manager sind legendär, beide haben ein Imperium gegründet und Milliarden verdient. Sie haben Mitarbeiter zu Höchstleistungen gepusht – und sie in tiefste Verzweiflung gestürzt. Denn beide haben ihre Schattenseiten. Über den charismatischen Apple-Gründer kursieren zahllose Anekdoten, die ihn als extrem anspruchsvollen und unberechenbaren Chef zeigen. Vor der Entwicklung des MacBook soll er erschrockenen Hardwareentwicklern eine extrem dünne Platte auf den Tisch geknallt und erklärt haben: »So dick wird unser Gerät, keinen Millimeter mehr!« Und ein leitender Manager, der eine Flipchart-Skizze von Jobs spontan ergänzte, löste einen Wutausbruch aus und war Sekunden später seinen Job los. Bezos hingegen wollte sein Unternehmen zunächst »Relentless.com« nennen, also »Gnadenlos.com«. Noch heute werden Sie von dort auf die Amazon-Seite geführt. Mitarbeiter fragt er schon mal: »Sind Sie faul oder nur inkompetent?« »Wenn du nicht gut bist, frisst Jeff dich und spuckt dich aus«, beschreibt ein Amazon-Angestellter seinen Führungsstil. »Und wenn du gut bist, dann springt er dir auf den Rücken und reitet dich zuschanden.«[217]

Das Profil: Der cholerische Macher ist willensstark und direkt. Er will etwas bewegen und strebt nach einer Führungsrolle. Er treibt seine Ziele energisch voran und reagiert gereizt, wenn andere seinem Tempo nicht folgen können. Er reagiert impulsiv und sagt unmissverständlich, was er denkt. Seine Launen hat er nicht immer im Griff: Er kann schon mal aus der Haut fahren. Sensible Naturen fürchten ihn daher als wandelndes Pulverfass. Alfred Adler beschrieb ihn als »geradlinig-aggressiv«.

Motivationsstrategien für Einpeitscher

a) Warum Sie ein guter Motivator sein können:

Sie haben klare Ziele und sind selbst sehr ehrgeizig. Sie können ein gutes Vorbild dafür sein, was alles möglich ist, wenn man sich reinhängt.

Sie haben Mut und sind bereit, für den Erfolg auch schwierige Entscheidungen zu treffen. Man hat vor Ihnen Respekt, den Sie sich hart erarbeitet haben. Ambitionierte Mitarbeiter bewundern Sie.

b) Wo Sie aufpassen sollten:

Ihre Launen und das fehlende Einfüllungsvermögen können zu inneren Kündigungen führen. Zurückhaltende Mitarbeiter haben womöglich Angst vor Ihnen. Wer nur die Ergebnisse sieht und nicht mehr den Menschen, zerstört die langfristigen Beziehungen und riskiert, die Unterstützung von Mitstreitern zu verlieren.

c) Wovon Sie profitieren:

Mehr Menschlichkeit, soziale und emotionale Kompetenz. Machen Sie sich bewusst: Ausgeglichene und bedächtige Naturen leisten ebenfalls einen wertvollen Beitrag. Wenn alle wären wie Sie, wären Sie von lauter Konkurrenten umzingelt. Das wollen Sie nicht wirklich, oder?

d) Was Sie konkret tun können:

Sie sind großartig, wer wollte das bezweifeln. Doch wenn Sie in Wut geraten, demontieren Sie sich selbst. Vielleicht schauen Sie sich ein Video an, das den Bürgermeister Torontos bei einem cholerischen Anfall zeigt. Darin tigert Rob Ford herum wie ein Raubtier im Käfig, flucht und stößt Morddrohungen aus.[218] Glauben Sie mir: Bei Ihnen sieht das nicht wesentlich besser aus. Zur Sicherheit können Sie dem mutigsten Ihrer Mitarbeiter ja die Lizenz erteilen, heimlich die Handy-Kamera zu zücken, wenn Sie das nächste Mal aus der Haut fahren.

Partylöwe: Der begeisternde Netzwerker

Prominente Senkrechtstarter: Barbara Schöneberger, Thomas Gottschalk. Wer hier die meisten Punkte gesammelt hat, besitzt ein beeindruckendes Talent für Menschen, das er mit einigen Großen der Showbranche teilt. Als »Gute-Laune-Liebling der Nation« bezeichnete ein Boulevardblatt den Entertainer Thomas Gottschalk einmal. Dass er sich vor der Kamera wie sein Kollege Günther Jauch an Moderationskarten festhält und brav Texte aufsagt, ist schlicht unvorstellbar. Gottschalk ist ein begnadeter Plauderer und kann Menschen rasch für sich gewinnen. Berührungsängste kennt er nicht. Auch Barbara Schöneberger sorgt unbekümmert für gute Laune: »Ich bin eine wahnsinnige Rampensau. Ich stelle mehr und mehr fest, dass es mir einfach liegt, raus auf die Bühne zu gehen. Es macht mir keinen Stress. Das ist Adrenalin. Freude«, verriet sie dem *Stern*. Im selben Interview beschreibt sie sich als »harmoniesüchtig« und lebensfroh. Ihr Fazit: »Ich lebe das Leben, das ich leben will.«[219] Beneidenswert! Auch unter Topmanagern gibt es übrigens Partylöwen. Wer Zweifel hat, muss sich nur das Video anschauen, in dem Microsoft-Chef Steve Ballmer zu lauter Popmusik über die Bühne tobt wie ein Berserker, um schließlich zu brüllen, »I– love–this–company!!!!!!!!!!!«[220]

Das Profil: Extrovertiert, gesellig, lebhaft – kein Wunder, dass Menschen dieses Schlags ein Gewinn für jede Party sind. Selbstbewusst und kontaktfreudig, können sie auch im Beruf viel bewegen. Sie sind optimistisch und leicht zu begeistern, manchmal etwas zu sorglos. Loslegen können sie besser, als etwas konsequent zu Ende zu bringen. Niederlagen schütteln sie ab, ihr Geschwätz von gestern interessiert sie nicht. Besonders in Vertriebsstrukturen findet man viele »Partylöwen«. Ihre Fähigkeit Menschen begeistern zu können, ist der Schlüssel zu bemerkenswerten Umsatzerfolgen. Alfred Adler attestiert diesem Typ, dem Sanguiniker, Lebenslust und Ausgeglichenheit.

Motivationsstrategien für Partylöwen

a) Warum Sie ein guter Motivator sein können:

Sie verstehen es, Menschen zu begeistern und erfolgreiche Teams aufzubauen. Sie sind ein Menschengewinner. Bei Ihnen fühlt man sich wohl. In Ihren Teams wird es geringe Fluktuation und wenige Krankmeldungen geben. In guten Zeiten sind Sie die optimale Führungskraft!

b) Wo Sie aufpassen sollten:

Nur Party und gute Stimmung kann auf Dauer gefährlich sein. Es besteht die Gefahr, dass Sie manche Dinge zu lässig sehen. Wenn es dann im Business hart wird, sind Sie so eng mit den Mitarbeitern verbunden, dass Ihnen konsequente Entscheidungen schwer fallen. Sie wollen niemanden verletzen oder enttäuschen und sich nicht unbeliebt machen. Lieber schönen Sie ein paar Zahlen …

c) Wovon Sie profitieren:

… von allem, was Sie eigentlich zum Gähnen bringt: Gewissenhaftigkeit, Disziplin, Ergebnisorientierung, mentale Vorbereitung auf Rückschläge. Vielleicht schließen Sie ein Bündnis mit dem Erbsenzähler der Abteilung und hören sich seine Warnungen zumindest in Ruhe an?

d) Was Sie konkret tun können:

Versuchen Sie, zwischen privaten Freundschaften und Beziehungen im Beruf zu trennen. Lassen Sie sich bei wichtigen Projekten nicht von Ihrer Begeisterung davontragen. Der Nobelpreisträger Daniel Kahneman empfiehlt vor der Umsetzung riskanter Vorhaben eine Methode, die er »Premortem« nennt: Berufen Sie ein Teammeeting ein und stellen Sie folgende hypothetische Frage: »Wir haben den Plan umgesetzt, das ist jetzt ein Jahr her. Das Ergebnis war ein Desaster. Schreiben Sie in fünf bis zehn Minuten auf, wie es dazu gekommen ist.«[221]

Aussitzer: Das Kanzler-Gen in der Chefetage

Prominente Senkrechtstarter: Angela Merkel, Queen Elizabeth II., Warren Buffett Aussitzer werden gern unterschätzt. Dass Sie es weit bringen können, zeigen die prominenten Beispiele. Ärgern Sie sich also nicht, wenn der Test Ihnen Aussitzerqualitäten bescheinigt! Die erste Frau im Staate,

Bundeskanzlerin Angela Merkel, ist für gelassenes Abwarten berühmt-berüchtigt. Während Gegner mit Einpeitscherqualitäten überstürzt vorpreschen und Partylöwen sich um Kopf und Kragen quasseln, handelt sie stets überlegt und strategisch. Damit hat sie bisher alle Gegenspieler locker in die Tasche gesteckt. Auf ihrer persönlichen Website schreibt sie dazu, sie sei »…froh, wenn ich Zeit habe, Probleme und Lösungswege in Ruhe zu durchdenken und mich mit meinen Mitarbeitern zu beraten. Ich glaube, dass es in unserer schnelllebigen Zeit ganz wichtig ist, sich Zeit zu nehmen, um die Dinge sorgfältig zu durchdenken und dann zu entscheiden.«[222] Auch der steinreiche Investor Warren Buffett hält nichts von überstürztem Aktionismus. Seine Taktik beschreibt er als »faultierhaft«.[223] Und die englische Königin ist der Fels in der Brandung, der seit über 60 Jahren allen Boulevardstürmen mit der schlichten Maxime »Never complain. Never explain« trotzt. Ihre Popularität hat sie weniger charismatischen Reden zu verdanken, sondern vielmehr ihrem stoischen Pflichtbewusstsein und der feinen Ironie, mit der sie über Alltagsdingen schwebt.

Das Profil: Nachdenklich und besonnen, ausgeglichen und zuverlässig – in unserer zu Aktionismus neigenden Zeit sind das ganz besondere Qualitäten. Aussitzer haben es nicht nötig, die Ellenbogen auszufahren und sich in den Vordergrund zu drängen. Sie sind beherrscht und zurückhaltend, können gut zuhören und erledigen die Dinge planvoll und konzentriert. In der Ruhe liegt ihre Kraft. Alfred Adler schreibt diesem Typus, dem Phlegmatiker, eine gewisse Distanz zum Leben zu und die Besonderheit, dass er »Eindrücke sammelt«, ohne sich allzu sehr von ihnen beeindrucken zu lassen.

Motivationsstrategien für Aussitzer

a) Warum Sie ein guter Motivator sein können:

Sie schaffen eine vertrauensvolle Atmosphäre und haben Zeit für Ihre Mitarbeiter. Ihre Geduld ist für langfristige Entwicklungen von großem Vorteil. Menschen arbeiten gern mit Ihnen zusammen. Sie sind fair und verständnisvoll. Viele Mitarbeiter und Kollegen schätzen Ihre Berechenbarkeit.

b) Wo Sie aufpassen sollten:

Ihre fehlende Entscheidungsfreudigkeit kann Innovationen und persönliche Entwicklung ausbremsen – Ihr eigene, aber auch die anderer. Wenn Sie Pech haben, laufen Ihnen die Leistungsträger davon. Ihre Zögerlichkeit nervt manchmal, vor allem Mitarbeiter, die selbst zu schnellen Entschlüssen neigen. Gelegentlich vermissen Ihre Teams klare Konsequenzen und eine eindeutige Ansprache.

c) Wovon Sie profitieren:

Lernen Sie, sich selbst besser zu verkaufen. Es geht nicht um Marktschreierei, sondern darum, Ihre Leistungen und Erfolge sichtbar zu machen. Etwas mehr Lebendigkeit beflügelt Sie und Ihr Team, ebenso mehr Klarheit und Konsequenz.

d) Was Sie konkret tun können:

Leben oder gelebt werden hat Walter Kohl das Buch überschrieben, in dem er 2011 eine bittere Bilanz seines bisherigen Lebens zog. Ausgerechnet der Sohn des absoluten Meisters im Aussitzen, Helmut Kohl, rät also dazu, im Alltag nicht nur auszusitzen, sondern das Steuer selbst in die Hand zu nehmen. Vielleicht erinnert Sie das gelegentlich daran, dass »nicht entscheiden« auch eine Entscheidung ist – und manchmal die falsche.

Grübler: Der Buchhalter Ihres Vertrauens

Prominente Senkrechtstarter: Willy Brandt, Ferdinand Piëch. Nicht nur laute Partylöwen oder dominante Einpeitscher können viel bewegen, sondern auch Menschen, die eher leise Töne anschlagen. Wobei »leise« nicht zu verwechseln ist mit harmlos, wie das Beispiel Ferdinand Piëchs belegt. Der Porsche-Enkel und VW-Aufsichtsratsvorsitzende gilt als schweigsam und verschlossen. »Kaum jemand kennt ihn wirklich«, heißt es in einer Biografie des Topmanagers.[224] Die Wirtschaftspresse charakterisiert Piëch als scheuen Kontrollfreak und zugleich als genialen Konstrukteur. Während er im privaten Kreis geistreich und humorvoll sein kann, betreibt er sein Geschäft mit nüchterner Kälte und stellt hohe Ansprüche an sein Führungspersonal. Wer in seinen Augen versagt, dem entzieht er ohne zu zögern seine Unterstützung, wie etwa VW-Chef Bernd Pischetsrieder, der überraschend seinen Hut nehmen musste.[225] Der Erfolg gibt Piëch recht: Der Volkswagenkonzern zählt inzwischen zu den vier größten Autoherstellern der Welt (2013). Über den SPD-Politiker und früheren Bundeskanzler Willy Brandt schreibt der *Spiegel* in einem Porträt zum 100. Geburtstag: »Brandt ist ein Loner, einer, der sich immer etwas abseits hält und es gern hat, wenn man ihm nicht so schnell auf die Schliche kommt.« Mitreisende Journalisten bringt er mitunter durch seine hartnäckige Schweigsamkeit zur Verzweiflung, nicht nur seine letzte Frau beschreibt ihn als »Melancholiker«. Vertraute berichten von Phasen des Rückzugs und der Wehleidigkeit.[226] Gleichzeitig prägt Brandt die Nachkriegsgeschichte wie kaum ein Zweiter und wird 1971 für seine Lebensleistung mit dem Friedensnobelpreis geehrt.

Das Profil: Reserviert und in sich gekehrt, schon fast abweisend – grüblerische Menschen haben manchmal etwas Misanthropisches. Ihre Aufmerksamkeit gilt in erster Linie den Aufgaben und Herausforderungen, nicht den Menschen. Das befähigt sie zu brillanten Analysen und entschlossenem Handeln, verleiht ihnen mitunter aber auch etwas Schroffes. Ihre Ansprüche an sich und andere sind hoch, wiederholte Fehler ahnden sie unnachsichtig. Auch Stimmungsschwankungen bekommt ihre Umgebung zu spüren. Alfred Adler beschreibt den Melancholiker unter anderem als Menschen, »der meist geneigt ist, mehr an sich als an die andern zu denken«.

Motivationsstrategien für Grübler:

    a) Warum Sie ein guter Motivator sein können:

    Ihre Fachkompetenz wird sehr geschätzt und flößt großes Vertrauen ein. Sie sind ein guter Stratege und haben einen realistischen Blick auf die aktuelle und zukünftige Situation. Auf Ihre Auswertungen und Analysen kam man sich verlassen. Wer Ihren Ansprüchen genügt, profitiert außerordentlich von Ihrer Förderung und folgt Ihnen mit großer Überzeugung.

b) Wie Sie Demotivation Ihrer Mitarbeiter verhindern können:

Ihre Fachkompetenz kann Sie in Vorstandsetagen führen, doch die Führung von Menschen wird für Sie kein Heimspiel. Auf sensible Naturen wirken Sie möglicherweise kalt und abweisend. Ebenso kann Ihr Perfektionismus zur Motivationsfalle für Ihre Mitarbeiter werden. Genauigkeitswahn kann die Lust an Kreativität in Unternehmen ernsthaft ausbremsen. Lassen Sie sich in Führungsfragen beraten oder suchen Sie sich einen Mitarbeiter/Partner, der es versteht, Menschen zu gewinnen und zu führen.

c) Wovon Sie profitieren:

Entwickeln Sie Verständnis für weniger präzise und in Sachfragen weniger perfekte Mitarbeiter – ein Unternehmen braucht nicht nur Analytiker und Strategen, sondern auch Leute, die es menscheln lassen können. Erkennen Sie, dass eine harte Hand auch Nachteile hat: Mitarbeiter, die Angst haben, machen mehr, nicht weniger Fehler. Etwas Gelassenheit macht zudem auch Ihr eigenes Leben leichter.

d) Was Sie sofort tun können:

Bill Gates wusste genau, warum er sich den »Partylöwen« Steve Ballmer an seine Seite holte: In Situationen, in denen es sehr darauf ankommt, Menschen für sich und seine Sache zu gewinnen, sollten Sie auf jemanden setzen, der es versteht, Information und Emotion gekonnt zu verbinden. Das kann ein extrovertierter Mitarbeiter sein – oder auch ein Motivationsprofi. Geben Sie beim nächsten Kick-off oder Jahresempfang eine kurze pointierte Einführung und nutzen Sie dann einfach die Überzeugungskraft des Kommunikationsprofis für Ihre Zwecke.

Postskriptum

Auch auf die Gefahr hin, Eulen nach Athen zu tragen: Ist Ihnen an den prominenten Senkrechtstartern, die als Beispiele im Schnelltest für Motivatoren genannt werden, etwas aufgefallen? Die meisten von ihnen haben eine dunkle Seite, sie mussten Frust und Niederlagen verkraften. Von Ferdinand Piëch und seiner freudlosen Kindheit war schon im ersten Teil die Rede. Willy Brandt wurde noch im Nachkriegsdeutschland für seine uneheliche Geburt diffamiert. Er wuchs als Sohn einer Verkäuferin in einem Lübecker Arbeiterviertel auf und wurde von der überforderten Mutter der Nachbarin und einem »Ersatzgroßvater« anvertraut. Später folgten Emigration nach Norwegen und Anfeindungen als »Vaterlandsverräter«.[227] Warren Buffetts Vater betrieb einen Lebensmittelladen in Omaha, Nebraska, und handelte mit Aktien. Schon als Elfjähriger arbeitete der spätere Milliardär in einem Brokerhaus.[228] Steve Jobs war ein Findelkind, das in bescheidenen Verhältnissen aufwuchs (siehe Teil I). Jeff Bezos Vater verließ die Familie, als der kleine Jeff anderthalb war. Bezos wuchs auf einer Rinderfarm in Texas auf, bevor seine Familie mehrfach umzog. In der Schule galt er als Einzelgänger, Lehrer hielten ihn für »nicht besonders führungsbegabt«.[229] Angela Merkel dürfte es als evangelische Pfarrerstochter in der DDR nicht immer leicht gehabt haben, auch wenn sie ihre Kindheit preußisch-zurückhaltend als glücklich beschreibt. Ausnahmen von der Regel sind Barbara Schöneberger und Thomas Gottschalk, die offenbar beide eine heile bürgerliche Durchschnittskindheit hatten und als sonnige Partylöwen durchs Leben gehen. Zufall oder tiefere Ursache? Das wäre Stoff für ein nächstes Buch…

Statt eines Schlusswortes: Sofortmaßnahmen

Auf den letzten Seiten dieses Buchs möchte ich Ihnen noch die Strategie verraten, mit der ich Rückschläge meistere und mit der auch für Sie aus Frust und Niederlagen Erfolge entstehen. Die Methode beruht auf meinen persönlichen Erfahrungen und den Erkenntnissen der Motivations- und Resilienzforschung.

Meine Strategie besteht aus sieben einfachen Schritten. Vielleicht wird sie manchem zu schlicht erscheinen, doch aus eigenen bitteren Momenten weiß ich: Wenn man am Boden liegt, benötigt man keine komplizierten Erklärungen, sondern will bloß wissen, wie es weitergehen soll. Hier nun meine Sofortmaßnahmen, um Frust und Niederlagen in Erfolge zu verwandeln:

1. Keine Panik! Egal, wie schwer Ihre Krise auch sein mag, reagieren sich nicht panisch auf die aktuelle Situation. Kurzschlussreaktionen lassen aus lösbaren Problemen kapitale Katastrophen entstehen. Lassen Sie sich nicht von Ihren Emotionen zu unüberlegtem Handeln verleiten. Panik ist keine guter Ratgeber. Stattdessen: Einatmen, ausatmen, weiterleben!

2. Ist-Situation analysieren! Jetzt ist der Zeitpunkt gekommen, an dem Sie Ihre rosarote Brille absetzen müssen. Schluss mit dem Selbstbetrug! Nur ein schonungsloser Realitätscheck kann Sie weiterbringen. Hören Sie auf, anderen die Schuld zu geben. Verlassen Sie die Opferrolle und übernehmen Sie Verantwortung. Nur so werden Sie zum Steuermann Ihres Krisenkahns.

3. Kraft tanken! In herausfordernden Zeiten ist es besonders wichtig, gut zu sich selbst zu sein. Unabhängig davon, wie viel Arbeit zu leisten ist oder welche Probleme es zu meistern gilt: Nehmen Sie sich Zeit, um neue Kraft zu sammeln. Machen Sie Musik, meditieren Sie, lassen Sie sich verwöhnen. Gerade jetzt! Auch wenn andere es vielleicht nicht verstehen können, tun Sie es trotzdem! Tanken Sie körperliche und geistige Energie. Sie werden sie brauchen.

4. Verbündete suchen! Machen Sie nicht den Fehler und verfallen Sie in eine Macho-Attitüde wie »Ich bin allein da reingekommen, ich komm da allein auch wieder raus.« Sie brauchen Menschen an Ihrer Seite, die Sie als »Förderer und Forderer« unterstützen. Förderer helfen Ihnen, Ihr angeknackstes Selbstwertgefühl wieder aufzubauen. Sie brauchen aber auch »Forderer«! Das sind diejenigen, die Ihnen notfalls in den Hintern treten, wenn Sie nicht ins Handeln kommen. Lassen Sie sich von Profis helfen, die sich mit Ihrem Dilemma auskennen. Sein Sie ehrlich zu sich selbst und sagen Sie: »Ich brauche Hilfe.« Ab diesem Moment können Fachleute erst eingreifen, um Sie erfolgreich zu unterstützen.

5. Lösungen erarbeiten! Erstellen Sie einen Plan, der Sie aus Ihrer Misere herausholen soll. Schreiben Sie glasklar auf, welche Schritte Sie kurz-, mittel- und langfristig durchführen wollen, damit Sie den Turnaround schaffen. Lassen Sie Ihren Plan von Verbündeten und Profis analysieren. Vergessen Sie bitte nicht: Beim letzten Mal hatten Sie sich auch alles vorher ausgemalt, und es hat trotzdem nicht funktioniert! Daher ist es überaus wichtig, dass Sie es diesmal besser machen. Feedback und Input von außen sind dabei sehr hilfreich.

6. Gas geben! Nachdem sich die Panik gelegt hat, Sie Kraft getankt und sich Hilfe besorgt haben, ist es nun an der Zeit, ins Handeln zu kommen. Setzen Sie Ihren Plan um. Seien Sie diszipliniert: Bleiben Sie am Ball und seien Sie hart zu sich selbst. Denken Sie immer daran: Sie können Ausreden erfinden oder erfolgreich sein – beides zur gleichen Zeit geht nicht!

7. Erfolge feiern und dankbar sein! Festigen Sie Ihre Selbstwirksamkeitsüberzeugung, indem Sie kleine und große Erfolge zelebrieren – es muss ja nicht gleich eine Magnum-Flasche Schampus sein. Gönnen Sie sich schöne Momente mit Ihrer Familie oder Ihren Freunden. Bei allen Sorgen, die Rückschläge mit sich bringen, ist es überaus wichtig, Lebensfreude zu verspüren. Diese gibt Ihnen Energie und die Sicherheit, dass sich das Kämpfen lohnt! Und wenn Sie Ihren Frust und Ihre Niederlagen erfolgreich überwunden haben, vergessen Sie nicht, dankbar zu sein, denn Dankbarkeit ist der Schlüssel zu einem erfüllten Leben. Auch deshalb möchte ich am Ende des Buchs auch »Danke!« sagen.

Wir bleiben in Kontakt!

Als Psychologe interessiert mich Ihre ganz persönliche *Senkrecht-starter*-Story. Welches dunkle Kapitel in Ihrem Leben hat Sie zu einer Persönlichkeit werden lassen, die Herausforderungen souverän meistert? Wie ist es Ihnen gelungen, Rückschläge in neue Erfolge zu verwandeln? Welche Impulse aus diesem Buch waren für Sie besonders hilfreich?

Berichten Sie mir von Ihren Erfahrungen! Schicken Sie mir einfach eine E-Mail oder sprechen Sie mich bei einem meiner Vorträge an. Ich freue mich darauf, von Ihnen zu hören!

Infos zu meinen öffentlichen Seminaren und Vorträgen finden Sie auf meiner Homepage und bei Facebook.

www.rolfschmiel.de
www.facebook.com/psychologeschmiel

Danke!

Dieses Buch ist eine Mannschaftsleistung. Ohne meine Familie, meine Freunde und Geschäftspartner wäre dieses Werk nie realisiert worden.

Besonders bedanken möchte ich mich bei meiner Ehefrau Carmen, die all meine Höhen und Tiefen seit fast 20 Jahren mit mir teilt, und bei meinem Sohn Leonard, von dem ich so viel lernen durfte, obwohl er erst fünf Jahre alt ist. Für mich ist er der weltbeste Motivationstrainer!

Dieses Buch hätte nie gedruckt werden können, hätte Dr. Petra Begemann nicht aus meinen Ideen, Textfragmenten und Seminarfolien ein über 200-seitiges Manuskript gezaubert. Frau Dr. Begemann, Sie sind brillant!

Bei Hermann Scherer möchte ich mich nicht nur für das Vorwort, sondern auch für die großartige Unterstützung im Speaker-Business bedanken.

Selbstverständlich danke ich auch dem Campus Verlag und meiner Lektorin Stephanie Walter. Für mich ist mit der Veröffentlichung in Deutschlands renommiertestem Wirtschaftsverlag ein 20-jähriger Traum in Erfüllung gegangen.

Meinem Freund Arnim möchte ich noch ganz besonders danken. Er ist der perfekte Verbündete. Ohne unsere unzähligen kontroversen Diskussionen hätte ich meinen größten Rückschlag nie in einen Erfolg verwandeln können.

Und zu guter Letzt: Danke, Mama!

Anmerkungen

1 Quelle:www.biography.com.

2 Quelle: wikipedia (Artikel »Paul Potts«).

3 Quelle: *manager magazin*, 2/2014, S. 112 ff., hier S. 115.

4 Vgl. wikipedia Artikel »Estée Lauder«.

5 Quelle: *Der Spiegel* 3/2014, S. 136 f.

6 Quelle: Lukas Eberle/Matthias Schepp, »König und Mätresse«; in: *Der Spiegel* 6/2014, S. 134 ff., hier: S. 135.

7 Vgl. Elmar Koetz, Persönlichkeitsstile und unternehmerischer Erfolg von Existenzgründern. Diss. Universität Osnabrück 2006.

8 Katrin Cholotta/Sonja Drobnic, »Was macht Selbstständige zufrieden?«; in: *Wirtschaftspsychologie* 13. Jg., 4/2011.

9 Vgl. Lothar Seiwert, *Ausgetickt! Lieber selbstbestimmt als fremdgesteuert. Abschied vom Zeitmanagement*. München: Ariston 2011. Das Zitat überschreibt einen Artikel des Autors in *Die Welt* vom 03.02.2012; im Internet unter www.welt.de.

10 Quelle: Franziska Reich/Anette Lache, »Ein Traum von einem Job«, in: *Stern* vom 30.01.2014, S. 54 ff., hier S. 56.

11 Vgl. Roy Baumeister/John Tierney, *Die Macht der Disziplin. Wie wir unseren Willen trainieren*. Frankfurt am Main: Campus 2012.

12 Vgl. Stewart D. Friedman/Sharon Lobel, »The Happy Workaholic: A Role Model for Employees«; in: *The Academy of Management Executive* Bd. 17 3/2003, S. 87 ff.

13 Vgl. Karl-Ernst Bühler/Chr. Schneider, »Arbeitssucht«; in: *Schweizer Archiv für Neurologie und Psychiatrie* 5/2002, S. 245 ff. Weitere Diskussion des Phänomens beispielsweise Ulrike Emma Meißner, »Existenzbedrohende Arbeit«; in: *Personal* 05/2006, S. 22; Stefan Poppelreuter, »Arbeitssucht: Massenphänomen oder Psychoexotik?«; in: *Aus Politik und Zeitgeschichte*, 1/2004; im Internet unter www.bpb.de; Holger Heide, »Ursachen und Konsequenzen von Arbeitssucht«; in: *Fehlzeiten-Report* 2009, S. 83 ff.

14 Lisa Nienhaus et al., »Cola, Koks und Ritalin. Wie die Deutschen sich im Büro dopen«; in: *Frankfurter Allgemeine Sonntagszeitung* vom 07.12.2008, S. 42 ff.

15 Alle Zitate aus Rainer Nahrendorf, *Die Chancengesellschaft. Mut zum Aufstieg in Deutschland.* Sankt Augustin: Adatia Verlag 2010.

16 Quelle: Jim Rohn, *7 Strategies for Wealth & Happiness.* New York: Three Rivers Press 1996.

17 www.youtube.com/watch?v=QX_0y9614HQ (»The Marshmallow Test«). Der Test wurde in verschiedenen Varianten unter Leitung des Psychologen Walter Mischel durchgeführt, vgl. z. B. Yuichi Shoda/Walter Mischel/Philip K. Peake, »Predicting Adolescent Cognitive and Self-Regulatory Competencies from Preschool Delay of Gratification: Identifying Diagnostic Conditions«, in: *Developmental Psychology* 26, Heft 6, 1990, S. 978 ff.

18 Quelle: Dieter Hawranek/Dirk Kurbjuweit, »Wolfsburger Weltreich«, *Der Spiegel* 34/2013, S. 59 ff., hier: S. 61.

19 Danach kann jedes geometrische Objekt, das kein Loch hat, zu einer Kugel geformt werden, und zwar im zweidimensionalen wie dreidimensionalen Raum. Quelle: http://www.welt.de/geschichte/article117427879/Die-wahnhafte-Welt-des-russischen-Rechen-Genies.html

20 Quelle: Malcolm Gladwell, *Überflieger. Warum manche Menschen erfolgreich sind – und andere nicht.* Frankfurt am Main: Campus 2009, S. 36 ff., hier S. 48.

21 Vgl. ebd., S. 39.

22 Quelle: Ian Robertson, *Macht*, a.a.O., S. 62.

23 ... und zwar hier: www.pablo-ruiz-picasso.net/images/works/261.jpg.

24 Quelle: Ian Robertson, *Macht*, a.a.O., S. 17 f.

25 Vgl. etwa den Nachruf auf Theo Albrecht in der *Wirtschaftswoche* vom 28.07.2010 (Lothar Schnitzler, »Aldi-Mitgründer war Deutschlands reichster Knauser«; im Internet unter www.wiwo.de), oder »IKEA-Gründer Ingvar Kamprad: Milliardär mit Vorliebe für Busse«, in: André Anwar, »Mit Geniestreich zum Weltkonzern«, in: *Focus* vom 30.03.2006; im Internet unter www.focus.de.

26 Quelle: Eva Buchhorn, »Die Besessenen – glücklich im Stress«, *Spiegel online* vom 06.11.2012; im Internet unter www.spiegel.de

27 Vgl. Reinhard K. Sprenger, *Die Entscheidung liegt bei Dir! Wege aus der alltäglichen Unzufriedenheit.* Frankfurt: Campus, überarb. Neuaufl. 2004. Dort heißt es beispielsweise auf S. 28: »Alle Menschen wollen ein gutes, ein gelungenes Leben führen. Aber nur wenige sind bereit, den Preis zu zahlen, der in der Regel dafür fällig wird.«

28 Quellen: *Süddeutsche Zeitung Magazin* 33/2013; das Lifestyle-Magazin *Joy* (»Ich bin mit meiner Einsamkeit verheiratet«/Lady Gaga) und *Berliner Morgenpost* vom 22.12.2012 (»Emma Watson leidet unter Einsamkeit«).

29 Daniel Goeudevert, *Wie ein Vogel im Aquarium. Aus dem Leben eines Managers.* Berlin: Rowohlt 1996, S. 180 und S. 11.

30 Quelle: wikipedia (»Titus Dittmann«).

31 ... in einer ersten Firma, die er unter dem Namen seiner Frau angemeldet hatte.

32 Quelle: Mark Böschen/Klaus Werle, »Im Unruhestand«; in: *manager magazin* 2/2014, S. 112 ff., hier S. 118.

33 Quelle: www.writersservices.com/magazine/rotten-rejections.

34 Quelle: www.whoswho.de (»Walt Disney«).

35 Quelle: www.steffenkirchner.de/blog/gewinner-werden-durch-niederlagen-geboren.

36 Quelle: Rabea Weihser, »Der deutsche Mann riecht nach Umkleidekabine«; in: *Die Zeit* vom 10.12.2012; im Internet unter www.zeit.de.

37 Quelle: Matt Haig, *Die 100 größten Marken-Flops*. München: Redline 2004, S. 52 ff. und »Too Much Estrogen: 1955 Dodge La Femme with Standard Purse«; im Internet unter www.carscoops.com.

38 Wobei ich natürlich fest davon überzeugt bin, dieses Buch wird ein Renner ;-)!

39 Formuliert in Anlehnung an Kapitel 2 und 3 aus Ian Taylor/Matthew Hilger, *Das Poker Mindset. Die psychologische Basis für erfolgreiches Poker*. Hatten: zsr Verlag 2009.

40 Quelle: »Raubtiere ohne Kette«; in: *Der Spiegel* 16/2013, S. 111 ff., hier S. 112.

41 http://www.businessweek.com/articles/2013-09-12/where-is-dick-fuld-now-finding-lehman-brothers-last-ceo.

42 Hedda Möller, »Ein Mentor ist wie Doping für die Karriere«, in: *Die Welt*, 04.01.2012, im Internet unter www.welt.de.

43 www.peer.ca/mentorpairs.html.

44 Quellen: *Der Spiegel* (»Bekannte Karriere-Duos: Mentoren und ihre Schützlinge«), *Die Welt* (»Ein Mentor ist wie Doping für die Karriere«), www.peer.ca/mentorpairs.html und Hamburger Wirtschaftsingenieure (www.wiing-aktiv.de), Rainer Nahrendorf, *Die Chancengesellschaft*, Sankt Augustin: adatia 2010.

45 Vgl. www.arbeiterkind.de.

46 Quelle: Susanne Gaschke, »Gut vernetzt. Ob in Wirtschaft, Wissenschaft oder Politik: Frauen entdecken auf ihrem Weg zur Macht neue Helfer – andere Frauen«, in: *Die Zeit* vom 10.12.2007; im Internet unter www.zeit.de.

47 Ein schönes Foto dazu liefert Florian Güßgen in seinem Artikel »Deutschlands erste Damenwahl«, in: *Stern* vom 22.11.2005; im Internet unter www.stern.de.

48 Quelle: www.kunstzitate.de.

49 Kafkas erstes Buch – *Betrachtung* – verkaufte sich zwar nur 800 Mal, spätere Werke erreichten jedoch Nachauflagen. Quelle: www.franzkafka.de (eine Website des Fischer Verlags Frankfurt).

50 Interview unter der Überschrift »Business should be fun!«, in: *High Life* 10/2006; im Internet unter www.living-fine.de/go/id/551-1020/high-life-heft-10-richard-branson.

51 Malcolm Gladwell, *Überflieger*, a.a.O., S. 23 ff. und S. 54 ff.

52 Quelle: Reset (eine gemeinnützige Stiftung, die sich für Nachhaltigkeit einsetzt); im Internet unter http://reset.org/knowledge/spenden.

53 Quelle: www.gatesfoundation.org/de/Who-We-Are/General-Information/ Foundation-Factsheet.

54 Quelle: Christoph Drösser, »Geben macht glücklich«, in: *Die Zeit* vom 27.09.2010; im Internet unter www.zeit.de.

55 Quelle: Markus Zens, »Geben macht seliger denn Nehmen«, *Bild der Wissenschaft* vom 22.03.2008; im Internet unter www.wissenschaft.de.

56 Quelle: Prof. Dr. med. Volker Faust, »Geben ist seliger denn Nehmen«; im Internet unter www.psychosoziale-gesundheit.net/psychohygiene/geben.html.

57 Vgl. Bodo Schäfer, *Der Weg zur finanziellen Freiheit.* Frankfurt: Campus 1998, S. 289 ff, und David Bach, *Automatisch Millionär. Die bombensichere Anleitung, steinreich zu werden.* München: Mosaik bei Goldmann, 2. Aufl. 2005, S. 160 ff.

58 Quelle: Gisela Maria Freisinger, »Der neue Charme der Bourgeoisie«, in: *manager magazin* 2/2014, S. 122 ff.

59 Quelle: Marcel Rosenbach, »Die Mega-Provokation«; in: *Der Spiegel* 4/2013, S. 66 ff.

60 Vgl. die detaillierte Chronologie der Ereignisse bei wikipedia (Artikel »Kim Dotcom«).

61 Quelle: »Die Mega-Provokation«, a.a.O., S. 67.

62 Quelle: dpa/heise online vom 23.11.2013 (»Kim Dotcom hatte eine schwere Kindheit«).

63 In: Rainer Nahrendorf, *Die Chancengesellschaft. Mut zum Aufstieg in Deutschland.* Sankt Augustin: adatia Verlag 2010, hier: S. 220.

64 Markus Lanz im *Stern*-Gespräch mit Arno Luik unter dem Titel »Ich fühle mich als Glücksschwein«, 11.12.2013, im Netz unter www.stern.de.

65 Quelle: www.schweizer-illustrierte.ch/stars/sie-noch-nicht-alles-ueber-markus-lanz-wussten.

66 Quelle: www.markus-lanz-groenland.de.

67 …bezogen auf das Geschäftsjahr 2007/2008.

68 Vgl. »Automobilindustrie: Prozess gegen Wiedeking erst 2014«; in: *Der Spiegel*, 17.06.2013, im Internet unter www.spiegel.de.

69 Quelle: Ulrich Viehöver, *Der Porsche-Chef. Wendelin Wiedeking – mit Ecken und Kanten an die Spitze.* Frankfurt: Campus 2006, S. 41 ff.

70 Vgl. z. B. »Vor allem zählt der richtige Stallgeruch«, Michael Hartmann im Interview mit der *ZEIT*, 28.02.2013, im Internet unter www.zeit.de, oder Michael Hartmann, *Der Mythos von den Leistungseliten.* Frankfurt am Main: Campus 2002.

71 »Steve Jobs Stanford Commencement Speech 2005«, www.youtube.com/watch?v=D1R-jKKp3NA.

72 Quelle: wikipedia, Artikel »Wall Street (1987)«.

73 Vgl. z. B. Psalm 79, Vers 6: »Gieß deinen Zorn aus über die Heiden, die dich nicht kennen, über jedes Reich, das deinen Namen nicht anruft.« Beziehungsweise Sure 10, Vers 100 »Er sendet (Seinen) Zorn über jene, die ihre Vernunft nicht gebrauchen mögen.«

74 Carsten Maschmeyer, *Selfmade. Erfolg reich leben*. München: Ariston 2012, S. 34.

75 Volker Zastrow, »Gerhard Schröder: ›Wir waren die Asozialen‹«; in: *Frankfurter Allgemeine Zeitung*, 14.12.2004; im Internet unter www.faz.net.

76 Zit. n. Rainer Nahrendorf, *Die Chancengesellschaft. Mut zum Aufstieg in Deutschland*. Sankt Augustin: adatia 2010, S. 209.

77 Quelle: Roger Rankel, *Sales Secrets*. Wiesbaden: Gabler 2008, S. 176 f.

78 Quelle: Ian Robertson, *Macht. Wie Erfolge uns verändern*. München: dtv 2013, S. 155 ff. und S. 191 ff.

79 Ebd., S. 195.

80 Parvin Sadigh, »Erst die emotionale Krise, dann der Aufstieg« (Interview mit Aladin El-Mafaalani); in: *Zeit online*, 14.12.2012, im Internet unter www.zeit.de.

81 Zit. n. Hesse/Schrader, a.a.O., S. 74.

82 Britta Verlinden, »Die einzige Todsünde, die keinen Spaß macht«, *Süddeutsche Zeitung* vom 07.09.2010; im Internet unter www.sueddeutsche.de.

83 Genesis, Kap. 4; im Internet nachzulesen unter www.juedisches-recht.de/anf_kain_und_abel_genesis.php.

84 Bei Schopenhauer heißt es: »In Deutschland ist die höchste Form der Anerkennung der Neid.«

85 Quelle: Britta Verlinden, »Die einzige Todsünde, die keinen Spaß macht«, a.a.O.

86 Quelle: Karin Dietl-Wiechmann, »Die 7 Tore zum Verbrechen«, in: *P. M. Magazin* (ohne Jahr); im Internet unter www.pm-magazin.de.

87 Quelle: *Cosmopolitan* 10/2003.

88 Zit. n. Werner Mathes, »Neidische Augen sind unersättlich«, in: *Stern* vom 8.11.2007; im Internet unter www.stern.de.

89 Quelle: Inga Michler, »Warum Aufsteiger in Deutschland es so schwer haben«; in: *Die Welt* vom 23.02.2013. Im Internet unter www.welt.de.

90 Quelle: Ijoma Mangold, »Soupe Populaire«; in: *Die Zeit* vom 04.06.2013. Im Internet unter www.zeit.de.

91 Quelle: *Spiegel online* am 10.07.2013 in der Rubrik »Eines Tages: Getty-Entführung«; im Netz unter http://einestages.spiegel.de.

92 Christoph Hein, »Gina Reinhart: Die Eisenharte«, *Frankfurter Allgemeine Zeitung* vom 21.01.2013; im Internet unter www.faz.net.

93 Der Film basiert auf dem Roman *Little Lord Fauntleroy* von Frances Hodgson Burnett.

94 Quelle aller Zitate: www.zitate.eu.

95 Quelle: *Focus online* vom 07.06.2013, »Liebes-Klausel im Ehevertrag von Mark Zuckerberg«; im Internet unter www.focus.de.

96 Zit. n. Sascha Reimann, »Ego der Entscheider: Die gefährliche Stärke«; in *managerSeminare* Heft 191, 2/2014, S. 29 ff., hier: S. 30.

97 Quelle: Dierk Sindermann, »Mike Tyson: Ich glaubte, Gott sei neidisch auf mich«, in: *Hamburger Morgenpost* vom 29.102013; im Internet unter www.mopo.de.

98 Quelle: Markus Grill, »Nur du bist das Gesetz!«; in: *Der Spiegel* 47/2010, S. 105 ff., hier: S. 106.

99 Im Internet unter www.youtube.com/watch?v=ppD4RqvGLlY.

100 Quelle: Markus Grill, »Nur du bist das Gesetz!«; a. a. O., hier: S. 105.

101 Quelle: Hendrik Ankenbrand, »Nicolas Berggruen: Der schöne Blender«, in: *Frankfurter Allgemeine Zeitung*, 29.12.2013; im Internet unter www.faz.net.

102 *Der Spiegel* 16/2013, S. 111 ff.

103 Kevin Dutton, *Psychopathen. Was man von Heiligen, Anwälten und Serienmördern lernen kann.* München: dtv 2013.

104 Interview in *Die Welt*, 02.06.2013, »Ein blöder Psychopath bringt es zu gar nichts«; im Internet unter www.welt.de.

105 Quelle: Jochen Metzger, »Woran erkennt man Psychopathen?«; in: *P. M. Magazin* 01/2010; im Internet unter www.pm-magazin.de.

106 Quelle: Kevin Dutton, a.a.O., S. 62 f.

107 Quelle: Ebd., S. 202. Basis ist der »Great British Psychopath Survey«, den Dutton 2011 mithilfe eines Tests (»Levenson Self-Report Psychopathy Scale«) durchführte. Wenn Sie Lust haben, können Sie den Test auf Duttons Website auch selbst machen: www.kevindutton.co.uk.

108 Quelle: Ebd., S. 33 ff.

109 Quelle: Jeffrey Young/William L. Simon, *Steve Jobs und die Erfolgsgeschichte von Apple.* Frankfurt: Fischer, 4. Aufl. 2010, S.43.

110 Quelle: Klaus Brinkbäumer, Thomas Schulz, »Der Philosoph des 21. Jahrhunderts«, in: *Der Spiegel* 17/2010, S. 66 ff., hier: S. 73; im Internet unter www.spiegel.de.

111 Vgl. Jeffrey Young/William L. Simon, a.a.O., S. 69, S. 79 f., S. 306.

112 Klaus Brinkbäumer/Thomas Schulz, a.a.O., S. 67.

113 Interview mit Raphaëlle Bacqué unter dem Titel »Ein Mann ohne Eigenschaften«, in: *Der Spiegel* 4/2014, S. 84 ff.; hier S. 86.

114 Hermann Hesse, Prosa und Feuilletons aus dem Nachlass.

115 Die Ärzte, »Zu spät« aus dem Album »Debil«. Quelle: www.die-beste-band-der-welt.de.

116 Quelle: Georgi Manajew, »Große Liebe, gemeinsamer Erfolg: Russische Schriftsteller und ihre Frauen«, in: *Russland heute* 25.01.2014; im Internet unter: www.russland-heute.de.

117 Quelle: www.azlyrics.com.

118 Quelle: www.zitate-db.de/dr-house.html.

119 Vgl. »Neues Lehrkonzept: Mit TV-Serie ›Dr. House‹ zu höchster deutscher Auszeichnung für exzellente Lehre in der Medizin« (ausgezeichnet wurde Prof. Dr. Jürgen Schäfer), Quelle: www.uni-marburg.de/aktuelles/news/2010a/arslegendi.

120 Quelle: *Duden Herkunftswörterbuch.*

121 Dietmar Hawranek/Dirk Kurbjuweit, »Wolfsburger Weltreich«, in: *Der Spiegel* 34/2013, S. 59 ff., hier: S. 60, 61 und S. 66. Für 2012 gibt die *Frankfurter Allgemeine Zeitung* Winterkorns Salär mit immerhin 14,6 Millionen Euro an –, ein kleiner Abstieg gegenüber dem Vorjahr, in dem er noch 17 Millionen verdiente. Quelle: Johannes Ritter, »Wie Martin Winterkorn zu weniger Gehalt kommt«, in: *F.A.Z.* vom 21.02.2013; im Internet unter www.faz.net.

122 Ian Robertson, *Macht. Wie Erfolge uns verändern*, a.a.O., S. 231.

123 Beispiele im Kommentar von Stefan Kuzmany, »Steuersünder Hoeneß: Der Doppelmoral-Apostel«, in: *Spiegel online*, 23.04.2013; im Internet unter www.spiegel.de.

124 ... so die *Frankfurter Allgemeine Zeitung* im Februar 2002.

125 Vgl. www.youtube.com/watch?v=XFTihsjO-og.

126 Quelle: http://nikeinc.com/pages/history-heritage.

127 Quelle: http://www.forbes.com/profile/phil-knight/.

128 Quelle: www.forbes.com.

129 Quelle: www.forbes.com/powerful-people/list.

130 Quelle: wikipedia, »Person of the Year«.

131 Franziska Reich/Anette Lache, »Ein Traum von einem Job«, *Stern* 6/30.01.2014, S. 54 ff., hier S. 58 und S. 63.

132 Quelle: A. M. Textor, *Auf Deutsch. Das Fremdwörterlexikon.* Vollst. überarb. und erweit. Neuausg. Reinbek bei Hamburg: Rowohlt 2000.

133 Quelle: Philip G. Zimbardo/Richard J. Gerrig, *Psychologie.* München: Pearson 2004, S. 503.

134 Quelle: Udo Rudolph, *Motivationspsychologie kompakt.* Weinheim/Basel: Beltz. 2., vollst. überarb. Aufl. 2009, S. 18 ff.

135 Vgl. dazu www.youtube.com/watch?v=u6XAPnuFjJc (»RSA Animate: Drive – The surprising truth about what motivates us«).

136 Vgl. Abraham H. Maslow, *Motivation und Persönlichkeit.* Reinbek bei Hamburg, 10. Aufl. 2005.

137 Quelle: www.reissprofile.eu /stevenreiss.

138 Zit. nach Ulrich Mees, *Einführung in die Motivations- und Handlungspsychologie* (2004), S. 50 ff.; im Internet unter www.b2consulting.de/lm/reiss_literatur/2_Mees,Ulrich-Einfuehrung_in_die_Motivaitons_und_Handlungspsychologie.pdf.

139 Ebd., S. 50.

140 John W. Atkinson/David Clarence McClelland/ Russell A. Clark, *The Achievement Motive.* Neuausgabe Literary Licensing (LLC) 2012.

141 ... beispielsweise im Bochumer Inventar zur berufsbezogenen Persönlichkeitsbeschreibung, kurz BIP.

142 David Clarence McClelland, *The Achieving Society.* New York: The Free Press 1967 (Neuausgabe Martino Fine Books 2010). Einen Überblick über McClel-

lands und Atkinsons Thesen gibt auch Udo Rudolph, *Motivationspsychologie kompakt*, a.a.O.

143 Vgl. http://de.statista.com/statistik/daten/studie/166855/umfrage/religionen-in-den-usa/ (2007 waren 51,3 % der US-Bürger Protestanten, die nächstgrößere Religionsgruppe, Katholiken, folgen mit 23,9 %).

144 Vgl. Julius Kuhl, »Handlungs- und Lageorientierung: Wie lernt man, seine Gefühle zu steuern?«; im Internet unter www.femmessies.de/MessieSyndrom/messieinfo/HOLO-uni.pdf abrufbar.

145 Vgl. Albert Bandura, *Self-Efficacy: The Exercise of Control*. New York: Freeman 1997.

146 Vgl. Jürgen Höller, *Alles ist möglich. Strategien zum Erfolg*. München: Ullstein 2000 (Erstausgabe 1996), und Bodo Schäfer, *Die Gesetze der Gewinner. Erfolg und ein erfülltes Leben*. München: dtv 2003 (Erstausgabe 2001).

147 Vgl. www.anthonyrobbins.de.

148 Napoleon Hill, *Denke nach und werde reich*. München: Ariston, Neuaufl. 2006.

149 Dale Carnegie, *Sorge dich nicht – lebe!* Frankfurt am Main: Fischer, 4. Auf. 2011. Der Hinweis auf die Bestsellerliste stammt aus *Das Buch der 1000 Bücher* (Harenberg Verlag).

150 Dale Carnegie, *Wie man Freunde gewinnt*. Frankfurt am Main: Fischer, 5. Aufl. 2011.

151 T. Harv Eker, *So denken Millionäre: Die Beziehung zwischen Ihrem Kopf und Ihrem Kontostand*. München: Heyne 2010.

152 Rhonda Byrne, *The Secret – Das Geheimnis*. München: Arkana, 20. Aufl. 2007 (Zitat aus dem Werbetext zum Buch).

153 Jürgen Höller wurde zu einer Gefängnisstrafe verurteilt, um andere in der Szene wie Emile Ratelband oder Bodo Schäfer war es zwischenzeitlich still geworden. Vgl. auch Kathrin Gulnerits, »Was wurde aus den Trainergurus?« (16.04.2010); im Internet unter www.wirtschaftsblatt.at.

154 Quelle: »Jürgen Höller: Drei Jahre ins Gefängnis«, *manager magazin* vom 08.04.2003; im Internet unter www.manager-magazin.de.

155 Inhaltsbeschreibung zu Jürgen Höller, *Alles ist möglich. Strategien zum Erfolg*. Berlin: Ulltaein 2000 (Originalausgabe Econ Verlag 1995); im Internet unter www.amazon.de.

156 Quellen: »Feuerlaufen kein Problem«, Info der AGPF, eines gemeinnützigen Verbandes, der über »Sekten, Kulte und den Psychomarkt« aufklärt, im Internet unter www.agpf.de; wikipedia (Artikel »Feuerlauf«), sowie Andreas Drouve, »Glaube, Glut und ein bisschen Wahnsinn«, in: *Spiegel online* vom 29.06.2014; im Internet unter www.spiegel.de.

157 Markus 9, Vers 23.

158 Vgl. http://emilratelband.de, wo es unter anderem heißt: »Kennen Sie das Phänomen ›Fast Food‹? Niemand will es, niemand mag es, niemandem schmeckt es, und doch eröffnet ein Fast-Food-Restaurant nach dem anderen – weil die Nachfrage steigt! Mit Tsjakkaa verhält es sich ähnlich.«

159 Vgl. www.youtube.com/watch?v=w5hP0kBQxB0 (»Haka New Zealand v France – Rugby World Cup Final 2011).

160 Vgl. Arthur Janov, *Der Urschrei. Ein neuer Weg der Psychotherapie*. Frankfurt am Main Fischer, 16. (!) Auflage 1993. Eine kritische Würdigung der Therapie findet sich unter www.agpf.de/Primaertherapie.htm.

161 Rolf Merkle, »Vorteile des Positiven Denkens«, im Internet unter www.psychotipps.com.

162 Dr. Joseph Murphy, *Die Macht Ihres Unterbewusstseins*. München: Ariston, Nachdruck der überarbeiteten Neuausgabe 2009. Die Auflagenhöhe nennt der Verlag in seiner Werbung auf www.amazon.de.

163 Quelle aller Zitate: www.machdesunterbewusstseins.de.

164 Quelle: »Missglückter Psychotrick. Schlecht fühlen mit positivem Denken«, *Spiegel online* vom 06.07.02009; im Internet unter www.spiegel.de.

165 Günter Scheich, *Positives Denken macht krank?! Vom Schwindel gefährlicher Erfolgsversprechen*. Oelde: Verlag Dr. Scheich, 3. Aufl. 2013.

166 Sendung vom 1.08.2013; im Netz nachzulesen unter www.daserste.de/information/wissen-kultur/wissen-vor-acht-natur/sendung-natur/warum-die-hummel-fliegen-kann100.html.

167 Vgl. www.insiderclub.com/jan-kuonen, eine Website, auf die man stößt, wenn man das Impressum von www.powersubliminals.de anklickt.

168 »Google's mission is to organize the world's information and make it universally accessible and useful.« Quelle: www.google.com/about/company.

169 Quelle: Norbert Bach, »Vision – Mission – Leitbild«; im Internet unter www.org-portal.org/fileadmin/media/legacy/Bach_Vision_Mission_Leitbild.pdf.

170 Quelle: http://1001erfolgsgeheimnisse.com/2013/01/04/die-wichtigkeit-von-zielen.

171 Eine Zusammenfassung der Zielestudie an der kalifornischen Dominican University finden Sie unter http://www.dominican.edu/academics/ahss/undergraduate-programs-1/psych/faculty/fulltime/gailmatthews/research-summary2.pdf.

172 Quelle: http://www.noch-erfolgreicher.com (»Eine Zielcollage kann Ihr Leben verändern«), Autor des Beitrags ist Alex S. Rusch.

173 Quelle: Ebd.

174 Quelle: http://www.lifestyle-marketing24.com/5-grunde-fur-eine-eigene-zielcollage/ (Oliver Schirmer).

175 Dies sind nur einige der Teamrollen nach R. M. Belbin, der das bis heute bekannteste Teammodell entwickelt hat. Vgl. R. Meredith Belbin, *Management Teams. Why They Succeed or Fail*. Oxford: Butterworth-Heinemann, 3. Aufl. 2010 (Erstausgabe 1981).

176 Quelle: www.strunz.com/seminare/seminardetails.php?semterminid=100 sowie dortigen PDF-Flyer (abgerufen am 27.02.2014).

177 »Loriot ›Feierabend‹ (einfach hier sitzen)«, www.youtube.com/watch?v=AxQ7oqOTXlI.

178 Beispiele: Dain Heer, *Sei du selbst und verändere die Welt*. München: Scorpio 2014; Mike Robbins, *Sei du selbst, alle anderen sind schon vergeben*. München: mvg 2011; Monika Matschnig, *Sei du selbst und lebe glücklicher*. München: GU 2009;

179 Rafael Buschmann u. a., »Fußball: Das letzte Geheimnis«; in *Der Spiegel* 3/2014, S. 132. Das Video ist u. a. hier zu finden: www.thomas-hitzlsperger.de.

180 Vgl. www.icd-code.de/icd/code/F30-F39.html. ICD steht für »International Statistical Classification of Diseases and Related Health Problems«, Herausgeber ist die WHO.

181 In voller Länge bei YouTube unter www.youtube.com/watch?v=FH-06e91UYM (»Rocky Balboa *DEUTSCH* Filmzitat«), im Original unter der Headline »Rocky Balboa's inspirational speech to his son«.

182 Arthur Lassen, *Heute ist mein bester Tag*. Bruchköbel: L.E.T. Verlag, 26. Aufl. 2013.

183 Quelle: Arthur Lassen, *Heute ist mein bester Tag*, a.a.O. S. 2.

184 Die ist eine Kernthese der »Zwei-Faktoren-Theorie« von Frederick Herzberg; neben Maslows Bedürfnispyramide das bis heute einflussreichste Modell zur Mitarbeitermotivation; vgl. Frederick Herzberg, Bernard Mausner, Barbara B. Snyderman, *The Motivation to Work*, New York: Wiley, 2. Aufl. 1959 (Reprint Transaction Publ. 1993).

185 Quelle: www.wuerth.com/web/de/wuerthcom/unternehmen/zahlenundfakten/zahlen.php (vorläufige Zahlen für 2013, danach betrug der Umsatz 9 744 000 000 Euro.).

186 Quelle: www.wuerth.com (»Arbeiten bei Würth«).

187 Bernd Venohr, *Wachsen wie Würth. Das Geheimnis des Welterfolgs*. Frankfurt am Main: Campus 2006, S. 90, 27, 139, 176, 61, 125.

188 Unter www.bild.de/geld/wirtschaft/ig-metall/schrauben-koenig-schreibt-brandbrief-an-mitarbeiter-26174838.bild.html kann der Originalbrief heruntergeladen werden.

189 Vgl. »Löw knallhart: ›Ich verlange maximale Belastbarkeit‹«, *Focus* vom 03.03.2014; im Internet unter www.focus.de.

190 Thilo Mischke, »Die Wahrheit über Amazon«, *Stern* Nr. 51 vom 12.12.2013.

191 Quelle: www.facebook.com/leipzigfernsehen.

192 Das Buch: Brad Stone, *Der Allesverkäufer: Jeff Bezos und das Imperium von Amazon*. Frankfurt am Main: Campus 2013. Das Zitat stammt aus einem Interview mit Brad Stone unter dem Titel »Es herrschen kriegsähnliche Zustände«, in: *Stern* Nr. 51 vom 12.12.2013, im Internet unter www.stern.de.

193 Vgl. den Kinofilm *Versicherungsvertreter. Die erstaunliche Karriere des Mehmet E. Göker* sowie das Göker-Porträt des Hessischen Rundfunks *System Größenwahn*; Letzteres im Internet unter www.youtube.com/watch?v=ppD4RqvGLlY.

194 Quelle: Nina Lotter, »Aufsicht verbietet Banken Verzicht auf Boni«; *Frankfurter Rundschau* vom 02.03.2014; im Internet unter www.fr-online.de.

195 Ausführlicher vgl. hierzu Falko Rheinberg/Regina Vollmeyer, *Motivation*. 8., aktualis. Aufl. Stuttgart: Kohlhammer 2012, S.149 ff.

196 Vgl. hierzu Sascha Friesike/Oliver Gassmann, »Der Gummibärchen-Effekt –
Monetäre Anreize sind für Mitarbeiter nicht alles«; im Internet unter
http://die-erfinder.3mdeutschland.de (die Autoren forschen und lehren an
der Universität St. Gallen).

197 Auch schön: »STRESS ist alles, was nicht Kaffeepause ist.«

198 Quelle: Präsentationsunterlagen für den »Engagement Index Deutschland
2012«; Download im Internet unter www.gallup.com/strategicconsul-
ting/160904/praesentation-gallup-engagement-index-2012.aspx, und *Handelsblatt* vom 06.03.2014 »Fehlende Motivation kostet Firmen Milliarden«;
im Internet unter www.handelsblatt.com.

199 Quelle: Präsentationsunterlagen von Gallup, a.a.O., S.5 und 6.

200 Hier sämtliche Fragen, mit denen Gallup ein positives Arbeitsumfeld misst:
  – »Ich weiß, was bei der Arbeit von mir erwartet wird.
  – Ich habe die Materialien und die Arbeitsmittel, um meine Arbeit richtig
    zu machen.
  – Ich habe bei der Arbeit jeden Tag die Gelegenheit, das zu tun, was ich am
    besten kann.
  – Ich habe in den letzten sieben Tagen für gute Arbeit Anerkennung oder
    Lob bekommen.
  – Mein Vorgesetzter/Meine Vorgesetzte oder eine andere Person bei der
    Arbeit interessiert sich für mich als Mensch.
  – Bei der Arbeit gibt es jemanden, der mich in meiner Entwicklung fördert.
  – Bei der Arbeit scheinen meine Meinungen zu zählen.
  – Die Ziele und die Unternehmensphilosophie meiner Firma geben mir das
    Gefühl, dass meine Arbeit wichtig ist.
  – Meine Kollegen/Kolleginnen haben einen inneren Antrieb, Arbeit von
    hoher Qualität zu leisten.
  – Ich habe einen sehr guten Freund/eine sehr gute Freundin innerhalb der
    Firma.
  – In den letzten sechs Monaten hat jemand in der Firma mit mir über
    meine Fortschritte gesprochen.
  – Während des letzten Jahres hatte ich bei der Arbeit die Gelegenheit,
    Neues zu lernen und mich weiterzuentwickeln.« Quelle: ebd., S. 44.

201 Prof. Dr. Torsten Biemann/Prof. Dr. Heiko Weckmüller, »Zufriedene Mitarbeiter sind gute Mitarbeiter?«; in: *Personal Quarterly* 04/2014, S. 46 ff., hier
S. 46.

202 Einen umfassenden Überblick der geistesgeschichtlichen Tradition gibt der
Artikel »Goldene Regel« bei wikipedia; im Internet unter http://de.wikipe-
dia.org/wiki/Goldene_Regel.

203 Quelle: Philip G. Zimbardo/Richard J. Gerrig, *Psychologie*. München: Pearson
2004, S. 601.

204 Vgl. z. B. Lothar J. Seiwert/Friedbert Gay, *Das 1 × 1 der Persönlichkeit*. Remchingen: Persolog, 19. Aufl. 2012.

205 Einen kompakten Überblick über das DISG-Modell gibt Friedbert Gay, »Persönliche Stärke ist kein Zufall«; in: Jörg Löhr (Hrsg.), *Die besten Ideen für eine starke Persönlichkeit*, Offenbach: Gabal 2010, S. 95 ff.

206 Eine fundierte Kritik findet sich im Artikel »DISG« bei wikipedia, der Expertenwissen verständlich aufbereitet.

207 Quelle: »Motivation von Marathonläufern ist vom Geschlecht abhängig« (ddp), in: *Der Westen* vom 19.04.2010, im Internet unter www.derwesten.de.

208 Marlies Pinnow, »Gendering motivation: Geschlechterdifferenz im Wechselspiel von Nature und Nurture«; in: Gisela Steins (Hrsg.), *Handbuch Psychologie und Geschlechterforschung*, Wiesbaden: VS Verlag für Sozialwissenschaften 2009, S. 55 ff. Download im Netz unter www.motivation.psy.rub.de/publications/Pinnow_Motivationspsychologie.pdf.

209 Quelle: Susanne Rytina, »Die Kunst, sich selbst zu erkennen«, im Internet unter www.focus.de.

210 Norman H. Anderson, »Primacy effects in personality impression formation using a generalized order effect paradigm«; in: *Journal of Personality and Social Psychology* 2 (1965), S. 1–9.

211 Alle Daten aus Manfred Dworschak, »Zaubertrank der Zuversicht«, in: *Der Spiegel* 01/2012, S. 117 ff.

212 Reinhard K. Sprenger, *Aufstand des Individuums*. Frankfurt am Main: Campus 2000, S. 63 ff.

213 Quelle: »... und es hat Klick gemacht ...«, *Stuttgarter Zeitung* vom 14.02.2013; im Internet unter www.stuttgarter-zeitung.de.

214 Hans Eysenck, *The Structure of Human Personality*. London: Methuen 1970 und Alfred Adler, *Menschenkenntnis*, 1927 (Nachdruck Köln: Anaconda 2008).

215 ACHTUNG: Dieser Test ist nicht wissenschaftlich. Er bietet einen ersten, spielerischen Zugang zu den verschiedenen Persönlichkeitstypen.

216 a) Einpeitscher
    b) Partylöwe
    c) Aussitzer
    d) Grübler

217 Ein ausführliches Porträt von Bezos entwirft Brad Stone in seinem Buch *Der Allesverkäufer*, a.a.O.

218 Im Internet unter www.thestar.com/news/gta/2013/11/07/mayor_rob_ford_caught_in_video_rant.html.

219 *Stern*-Interview mit Barbara Schöneberger unter dem Titel »Die Rampensau wird 40«, 5.03.2014, im Internet unter www.stern.de.

220 Bei YouTube unter »Steve Ballmer going crazy« www.youtube.com/watch?v=wvsboPUjrGc.

221 Quelle: »Zaubertrank der Zuversicht«, in: *Der Spiegel* 172012, S. 117 ff, hier S. 125.

222 Quelle: www.angela-merkel.de (unter »Persönlich« und dort unter »Schaffen«).

223 Quelle: Interview mit Holm Friebe unter der Überschrift »Es herrscht Überbetriebsamkeit«, *Wirtschaftsblatt* vom 06.09.2013, im Internet unter www.wirtschaftsblatt.at.

224 Rita Stiens, *Ferdinand Piëch: Der Automacher*. Wiesbaden: Gabler 1999.

225 Quellen: Henning Peitsmeier, »Ferndinand Piëch: Die Intrigen des Porscheenkels«, *Frankfurter Allgemeine Zeitung* vom 05.03.2006, im Internet unter www.faz.net; Stefan Winter, »Ferdinand Piëch – der leise Wilde«, *Hannoversche Allgemeine Zeitung* vom 05.07.2012, im Internet unter www.haz.de.

226 Quelle: Jan Fleischhauer, »Kanzler der Herzen«, *Der Spiegel* 46/2013, S. 72 ff., im Internet unter www.spiegel.de.

227 Quelle: Jan Fleischhauer, »Kanzler der Herzen«, a.a.O., hier S. 74.

228 Quelle: Grischa Brower-Rabinowitsch, »Es ist Showtime in Omaha«, *Handelsblatt* vom 05.05.2013; im Internet unter www.handelsblatt.com.

229 Quelle: Thomas Schmitt, »So meistern Superreiche die Finanzkrise«, *Handelsblatt* vom 10.02.2013; im Internet unter www.handelsblatt.com.

Personenregister